GUIDE PRATIQUE

DE

TÉLÉGRAPHIE

EMPLOI DE

L'APPAREIL MORSE

ET DE

L'APPAREIL A CADRAN

PAR

LOUIS HOUZEAU

EMPLOYÉ DES LIGNES TÉLÉGRAPHIQUES

PARIS

E. DENTU, LIBRAIRE-ÉDITEUR

17-19, galerie d'Orléans, Palais-Royal

BRUXELLES

A.-N. LEBÈGUE ET Cie

OFFICE DE PUBLICITÉ

46, rue Madeleine, 46

GENÈVE

JOLIMAY-DESROGIS

LIBRAIRE

13, rue du Rhône, 13

1874

GUIDE PRATIQUE

DE

L'APPAREIL MORSE

PARIS. — TYP. MOTTEROZ, 31, RUE DU DRAGON

TÉLÉGRAPHIE ÉLECTRIQUE

GUIDE PRATIQUE

POUR L'EMPLOI DE

L'APPAREIL MORSE

suivi du

SERVICE DE L'APPAREIL A CADRAN

et des

INDICATIONS RELATIVES A L'ENTRETIEN DES PILES

A L'USAGE DES EMPLOYÉS AUXILIAIRES ET DES EMPLOYÉS DES POSTES CHARGÉS DE BUREAUX MUNICIPAUX DES GUETTEURS DES SÉMAPHORES, DES GARES DE CHEMINS DE FER, USINES, ETC.

par

LOUIS HOUZEAU

Employé des Lignes télégraphiques

(ORNÉ DE TRENTE DESSINS SUR BOIS PAR L'AUTEUR)

Ouvrage publié avec l'autorisation de l'Administration

PARIS

E. DENTU, LIBRAIRE-ÉDITEUR

17-19, galerie d'Orléans, Palais-Royal, 17-19

BRUXELLES

A.-N. LEBÈGUE ET Cie

Office de Publicité

46, rue Madeleine, 46

GENÈVE

JOLIMAY-DESROGIS

13, rue du Rhône, 13

1874

Ce traité élémentaire est destiné aux personnes qui sont appelées à faire de la télégraphie sans posséder les connaissances techniques nécessaires.

Il nous a semblé qu'à côté des excellents ouvrages qui ont été publiés en France sur la télégraphie une petite lacune restait à combler, et qu'un opuscule, traitant exclusivement de la partie manuelle *du métier, pourrait occuper cette modeste place.*

Nous nous sommes donc attaché à donner le moins possible d'extension à la partie théorique, à ne fournir que des indications relatives à la manœuvre des appareils et aux moyens de découvrir et relever les dérangements intérieurs d'un poste télégraphique.

Nous avons fait tous nos efforts pour être aussi clair, aussi concis que possible.

Si notre travail peut atténuer les ennuis d'une instruction technique à laquelle la plupart de nos lecteurs ne sont pas préparés, s'il justifie son titre de Guide pratique, *s'il est reconnu* utile, *notre but sera atteint.*

LOUIS HOUZEAU.

NOMS ET USAGES

DES DIFFÉRENTS INSTRUMENTS

L'appareil télégraphique *Morse*, d'origine américaine et auquel on a donné le nom de son inventeur, est un instrument qui sert à reproduire, au moyen du *fluide électrique*, des signaux de convention composés de traits ▬ et de points ■.

Récepteur. — Il comprend deux parties distinctes :

1° Un mouvement d'horlogerie qui fait dérouler une bande de papier sur laquelle les signaux s'impriment, et tourner une molette N (*fig.* 1, 2 et 17), imprégnée d'encre, qui sert à tracer les signaux sur la bande ;

2° Un levier FF′ (*fig.* 1), qui presse la bande contre la molette chaque fois qu'un signal est transmis, et qui est mû par un organe électrique appelé *électro-aimant*, H.

On remonte le mouvement d'horlogerie avec une clef O (*fig.* 1), fixée au devant de l'appareil.

Pour faire *dérouler* le Morse, lorsqu'il est remonté, il suffit de pousser légèrement de côté une petite tige *t*, située devant et au bas de l'appareil.

Pour l'arrêter, on pousse la tige dans l'autre sens.

Le mouvement d'horlogerie et l'électro-aimant du récepteur Morse servent à mettre en jeu tous les autres organes de l'appareil. Ceux-ci sont fixés sur la face antérieure de l'instrument, qui est représenté par la figure 1.

Le *massif* du récepteur est surmonté par un *dévidoir* D, sur lequel on place le *rouleau de papier-bande* destiné à recevoir les signaux.

Deux cylindres pleins, en cuivre, R et *r*, servent à pincer cette bande ; en tournant l'un sur l'autre, ils l'entraînent dans leur mouvement et la font avancer.

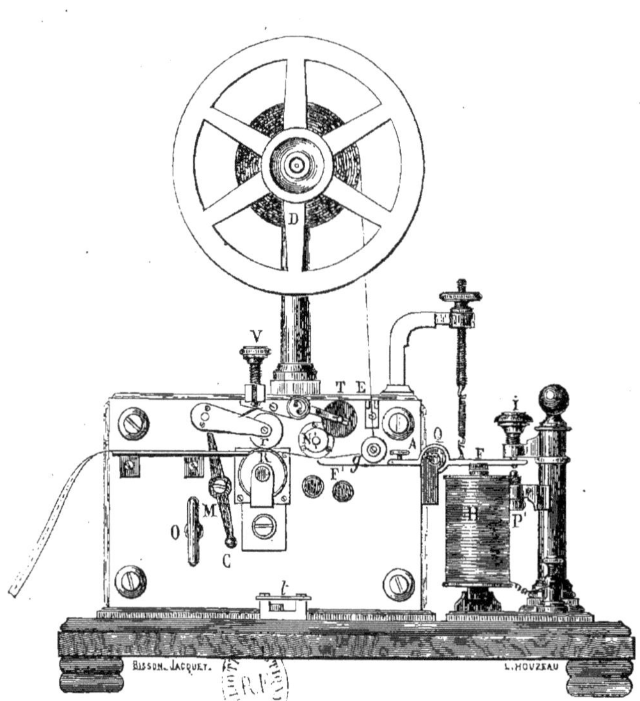

Fig. 1.

Un *guide g*, sorte de manchon en cuivre, très-mobile sur son axe, sert à maintenir la bande tendue en regard des cylindres dérouleurs R et *r*.

Une *molette* N, en tournant, dépose l'encre sur la bande quand un signal est transmis. Le guide *g* sert également à maintenir la bande au-dessous de cette molette, de façon que les signaux soient marqués exactement au milieu du papier.

La molette est encrée au moyen d'un *tampon* circulaire en drap T, qui repose sur elle, maintenu par un support en fourchette ou *chape*. Ce tampon est très-libre sur ses pivots, et son poids suffit pour assurer l'adhérence avec la molette qui, en tournant, lui communique son mouvement.

Une petite fourche en cuivre E, située au-dessus du guide *g*, et dans laquelle on fait entrer la bande, la maintient dans le sens du guide et l'empêche aussi de frotter contre le tampon et de se salir. De plus, cette bande reste tendue légèrement entre la fourche E et le guide mobile *g*, au moyen d'un petit ressort-lame très-mince fixé dans la fourche même. La bande de papier se trouve ainsi soustraite aux effets nuisibles des secousses produites par les irrégularités du déroulement du dévidoir D.

La vis V sert à régler la pression du petit cylindre *r* sur le gros R. Pour introduire la bande entre eux, on soulève le petit en faisant pivoter la *manette* M. L'extrémité supérieure de cette manette, en glissant de gauche à droite, soulève le support du cylindre *r*.

Le *levier* FQA est suspendu vers la moitié de sa longueur, contre l'appareil, au moyen de deux pivots ou de deux couteaux de balance Q.

Lorsqu'il oscille autour de son axe de suspension, une *palette* F′ (*fig.* 1, 2 et 17), fixée à l'une de ses extrémités, vient frapper juste sous la molette qui dépose l'encre sur la bande. Son autre extrémité, qui est traversée en croix par une barrette de fer, s'abaisse au-dessus de l'*électro-aimant* H. Ce rapprochement est déterminé par l'attraction momentanée de la barrette de fer F par l'électro-aimant H.

Deux vis-contacts ou *butoirs* I, P′, fixés sur une colonne en cuivre, servent à limiter par leur écartement l'amplitude des oscillations du levier. La colonne qui supporte ces butoirs est composée de deux pièces qui ne peuvent communiquer l'une avec l'autre, séparées qu'elles sont par une troisième pièce en *ivoire* X (*fig.* 2 et 17).

Un *ressort à boudin* B maintient, par sa tension, la palette abaissée.

On règle la tension de ce ressort au moyen d'un fil de soie ou d'une longue vis, selon le modèle de l'appareil.

Les récepteurs munis du ressort antagoniste B (*fig.* 17), fixé près de la palette et commandé par un fil de soie, sont d'une construction déjà ancienne.

L'administration a abandonné ce système de tendeur, qui présente des difficultés lorsque le fil de soie vient à se rompre.

Cependant ce modèle est encore très-répandu. Dans celui qui lui a été substitué, le ressort à boudin B, au lieu d'être placé près de la palette et sous le levier comme dans la figure 17, est accroché à l'autre bras du levier (*fig.* 2). Par conséquent, il exerce son action en sens contraire du tendeur à fil de soie, mais le résultat est le même.

Le fil est remplacé par une vis verticale SS′, située à l'extrémité d'un support en forme de potence L. Ce support est lui-même fixé sur

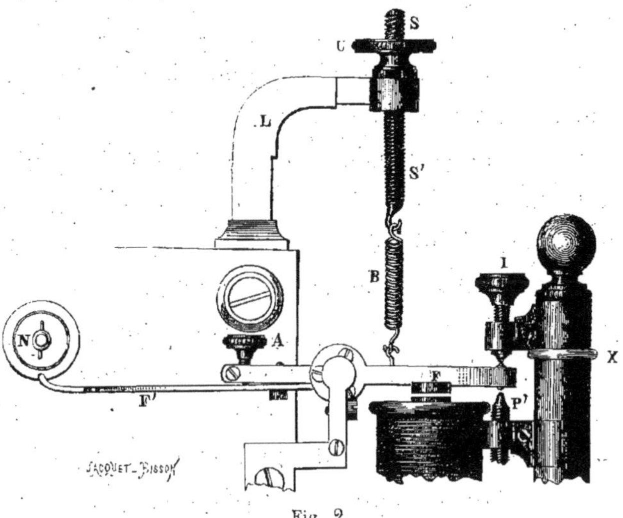

Fig. 2.

la plaque postérieure de l'instrument, à l'angle supérieur de droite.

Au moyen d'un écrou en cuivre U, on fait monter ou descendre la vis, qui, par suite, tend ou détend le ressort antagoniste accroché à son extrémité inférieure.

Il est facile de voir que le réglage par ce système est identique au réglage par le fil de soie : en vissant l'écrou U, on fait remonter la vis, SS', et on tend le ressort B; en dévissant l'écrou, on fait descendre la vis et on détend le ressort.

Quand la vis est remontée à fond, il ne faut pas forcer le serrage, parce que, en ce cas, on risque de faire faire *vis sans fin,* et alors on ne pourrait plus ni tendre ni détendre le ressort.

Dans les récepteurs de ce modèle, l'électro-aimant est placé dans le prolongement de la boîte du mouvement d'horlogerie, et le levier est formé de deux parties montées en coude sur un pivot.

La palette reste abaissée, sous l'action du ressort antagoniste B, tant que le levier n'est pas attiré en sens contraire par une force opposée.

Or, on obtient ce mouvement de bascule en faisant passer un *courant électrique* dans l'électro-aimant.

Électro-aimant. — Qu'est-ce donc qu'un électro-aimant?

Comme son nom l'indique, c'est un *aimant*

électrique, c'est-à-dire qui n'acquiert les propriétés d'un aimant que lorsqu'il est sous l'influence d'un courant électrique. Il les perd dès que cette influence cesse.

L'*électro-aimant* est formé de deux tiges de fer doux (1), reliées l'une à l'autre par une bande plate également en fer doux. Cet assemblage constitue réellement une seule tige recourbée en U, dont la partie inférieure est aplatie ⊔, pour qu'elle puisse être fixée plus facilement sur le socle de l'appareil.

Chacune de ces deux branches ou noyaux est entourée par un cylindre ou bobine en cuivre, fendue de haut en bas, dans laquelle elle entre à frottement dur.

Autour de chacun de ces deux cylindres on a enroulé un fil de cuivre très-fin, recouvert de

(1) Le fer doux est le fer ordinaire, le fer pur, celui, par exemple, avec lequel on fait les clous. La différence entre le fer doux et l'acier ou la fonte, c'est que ces derniers sont du fer combiné, dans des proportions différentes, avec un corps nommé *carbone,* tandis qu'il n'y en a presque pas dans le fer doux. Les fontes en contiennent généralement plus que l'acier. Ces fers sont dits *fers carburés*.

Pour rendre le fer le plus doux possible, et propre aux usages télégraphiques, on fait préalablement rougir les barres à la chaleur d'un four, et ensuite on les laisse refroidir *très-lentement*.

soie, qui fait plusieurs milliers de tours sans interruption. Cet ensemble constitue les *bobines* de l'électro-aimant.

Les deux extrémités des fils des bobines sont dégarnies de soie. Le bout par lequel on a commencé à enrouler, et qui se trouve à l'intérieur du cylindre, lui est parfaitement adhérent, et, par suite, à la branche de fer elle-même. L'adhérence est, de plus, assurée par des lames minces de laiton ou clinquant, qui font ressort entre cette tige et la paroi métallique intérieure de la bobine.

De sorte que les deux fils des bobines n'en font réellement qu'un, puisqu'ils sont reliés ensemble par l'intermédiaire des deux noyaux de fer.

Il est nécessaire que les tours du fil ne communiquent pas entre eux. Pour cela, il suffit que la soie qui l'entoure soit intacte, car la soie ne laisse pas passer l'électricité : c'est ce qu'on appelle un corps *non conducteur*.

Maintenant, si l'on amène à l'une des extrémités restées libres du fil un *courant électrique,* il parcourra tous les tours de fil de la première bobine, les noyaux, les tours de fil de la seconde bobine, et sortira par l'autre extrémité libre.

Chaque fois que le courant traversera ainsi les deux bobines, il transformera les deux branches de fer doux en un aimant ; mais dès que le courant aura cessé de passer, elles ne seront plus aimantées (1).

Or, tant que les tiges seront aimantées, elles attireront la partie du levier située au-dessus d'elles, qui est aussi en fer doux, et qu'on nomme *armature* (F, *fig.* 1, 2 et 17).

En basculant, le levier pressera avec sa palette la bande de papier contre la molette. Si l'appareil la fait dérouler, il se formera sur la bande un trait qui durera tant que le courant passera dans les bobines. Il cessera dès que le courant ne passera plus, les noyaux n'étant plus aimantés.

On pourra donc ainsi produire à volonté des traits plus ou moins longs, c'est-à-dire des traits ou des points, si l'on dispose d'un *courant électrique*.

(1) Si ces tiges étaient en acier au lieu d'être en fer doux, elles resteraient aimantées après le passage du courant, et le but proposé ne pourrait être atteint.

Courant. — Pile. — Un *courant électrique* est un *dégagement continu* d'électricité qu'on obtient par un assemblage spécial de deux métaux, comme le zinc et le cuivre, par exemple, mis en contact au moyen d'un liquide acidulé ; le tout contenu dans un vase de grès ou de verre.

L'ensemble de ce vase est nommé *élément* ou *couple*, par allusion aux deux métaux employés. On forme une *pile* avec un ou plusieurs de ces *éléments* réunis.

Si la pile est composée de plusieurs éléments, ils doivent être disposés de façon que le cuivre du second soit le prolongement du zinc du premier, que le cuivre du troisième soit le prolongement du zinc du second, et ainsi de suite.

De la sorte, on a toujours un zinc à une extrémité de la pile, et un cuivre à l'autre extrémité.

On appelle ces deux extrémités les *pôles* de la pile : au zinc est le pôle *négatif*, et au cuivre le pôle *positif*.

Mais, que la pile soit composée d'un seul élément ou d'un grand nombre d'éléments, pour que le dégagement d'électricité se produise il faut que le pôle *zinc* et le pôle *cuivre,* c'est-à-dire le pôle *négatif* et le pôle *positif,* soient réunis.

On opère cette réunion au moyen d'un fil de métal qu'on fixe par un bout au premier zinc, et par l'autre au dernier cuivre.

Le *circuit* est ainsi *fermé.*

Si, au lieu de réunir les deux pôles de la pile par un fil métallique quelconque, on les fait communiquer tous deux, mais séparément, avec la terre, le dégagement d'électricité a également lieu. Dans ce cas, la terre est substituée au fil métallique : *elle complète ou ferme le circuit.*

Quelle que soit la distance qui sépare l'un de l'autre les deux points de communication avec la terre, le dégagement se produit et *le circuit est fermé.* On dit aussi que la terre sert de *réservoir commun* au fluide qui s'échappe par les deux pôles de la pile.

Or, si l'on *met à la terre* immédiatement un des pôles de la pile, le *négatif,* par exemple, et si l'on prolonge l'autre pôle, le *positif,* par un fil métallique, on pourra le mettre à son tour à la terre où l'on voudra, pourvu que le fil soit assez long et sans interruption.

On pourra donc ainsi conduire ce pôle positif d'une ville à une autre ; le *circuit* de la pile sera alors composé des *éléments* de la pile elle-même et du *fil* conduisant le pôle positif à la seconde ville.

C'est à cela que servent les fils qu'on appelle *lignes télégraphiques*.

Ce circuit étant formé, pour se servir du courant de la pile et le faire passer dans les bobines de l'appareil, il suffit de fixer le *fil de ligne* à l'une de ces bobines, et de réunir l'autre bobine à la terre par un fil métallique (un *fil de terre*).

Cela se fait au moyen de deux bornes, gravées L et T (1), vissées sur le socle de l'appareil et communiquant métalliquement chacune avec une des extrémités dénudées du fil des bobines.

Le *circuit* sera ainsi augmenté de toute la

(1) (*Fig.* 22). Ces bornes ne peuvent figurer sur la figure 1 : elles sont situées derrière le mouvement d'horlogerie, ainsi que trois autres communiquant métalliquement, l'une avec le massif de l'appareil, les deux autres avec les vis-contacts I, P', qui servent de butoirs à la palette.

longueur du fil enroulé autour des deux bobines, et le courant, partant du pôle positif de la pile, parcourra le *fil de ligne*, puis les *bobines* de l'appareil *récepteur*, et se perdra à la *terre*.

Mais l'électro-aimant attirera la palette, tant que le courant passera ainsi dans les bobines. L'appareil sera continuellement au *contact*; et l'on n'obtiendra sur la bande qu'un long trait sans interruption.

Et puis, la pile étant placée à une seule extrémité du *fil de ligne*, on ne pourrait envoyer le courant que dans un sens.

Il faudrait alors un second fil, avec une pile et un récepteur placés aux extrémités opposées, pour pouvoir envoyer un courant dans l'autre sens.

Il devient donc absolument indispensable de pouvoir :

1° Interrompre le courant à volonté;

2° Envoyer un courant dans un sens comme dans l'autre sur le même fil, c'est-à-dire pouvoir mettre, à chaque extrémité, ce fil en communication, tantôt avec la *pile*, tantôt avec le *récepteur et la terre*.

On emploie, dans ce but, un instrument qu'on nomme *manipulateur*.

Manipulateur. — L'organe principal du *manipulateur* est une petite barre de bronze(1) ou de laiton, carrée B (*fig.* 3), soutenue, comme entre deux doigts, par les deux montants d'un petit massif C également en bronze.

Cette barre ou levier est maintenue entre les deux plaques par deux vis D sur lesquelles pivote un petit axe en acier E, fixé dans son épaisseur et qui la rend ainsi très-mobile.

L'une de ces vis se termine par un bouton de cuivre G qui permet de la serrer à volonté.

Elle est, en outre, munie d'un contre-écrou en cuivre H, pour l'empêcher de se desserrer quand elle est réglée.

Le tout est vissé solidement sur une plaque de bois ou socle.

Un petit ressort à boudin I est fixé au massif sous le socle, qu'il traverse pour venir s'accrocher à la face inférieure du levier.

(1) *Bronze* : alliage de cuivre et d'étain.
Laiton : alliage de cuivre et de zinc.

Ce ressort est destiné :

1° A maintenir au repos la barre inclinée, de façon que sa partie antérieure soit relevée et sa partie postérieure abaissée vers le socle ;

2° A assurer la communication métallique entre le levier et le massif qui le supporte, cette communication pouvant être défectueuse par les pivots.

L'action de ce ressort à boudin est très-faible et peut être vaincue par une légère pression de la main.

Pour permettre d'exercer facilement cette pression, un bouton M est monté sur l'extrémité antérieure de la barre relevée par le ressort. Ce bouton est en corne, en bois ou en toute autre matière *non conductrice*, pour *isoler* la main des parties métalliques parcourues par le fluide électrique.

Il suffit d'appuyer légèrement sur ce bouton, pour que la barre de bronze vienne toucher le socle par l'une de ses extrémités ; mais, dès qu'on cesse d'appuyer, le ressort, commandant le levier dans le sens contraire, lui fait toucher le socle par l'autre extrémité.

Pour que ces deux *contacts* aient lieu plus

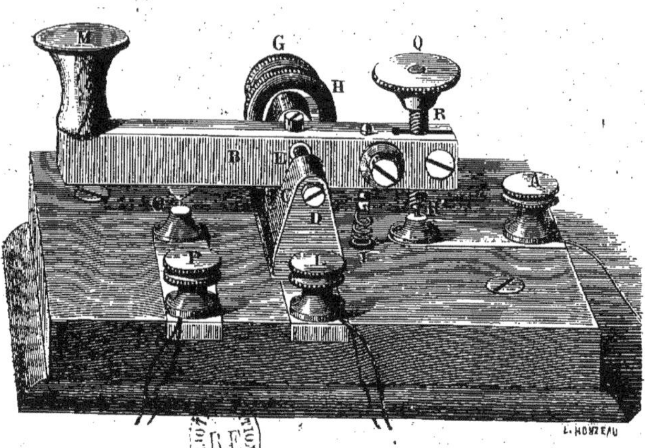

Fig. 3.

nettement, la surface inférieure de la barre est munie, d'un côté, d'une pointe O garnie de platine, de l'autre d'une vis RR′ également garnie de platine, et que l'on peut serrer à volonté au moyen d'un bouton Q de cuivre molleté. Les deux places où ces pointes frappent le socle sont aussi garnies d'un bouton de cuivre platiné. Ces petites plaques de platine sont nommées *contacts*.

Trois gros boutons de cuivre sont vissés sur le socle du manipulateur : un A à sa partie postérieure, et les deux autres P, L sur le côté droit.

Ils sont reliés par des plaques de cuivre visibles sur le socle : le premier A au contact postérieur; le deuxième P au contact antérieur, et le troisième L au massif qui supporte le levier.

L'une des bornes T du récepteur communiquant, comme nous l'avons dit plus haut, avec la terre, on relie l'autre L avec le premier bouton A du manipulateur. On relie le second bouton P avec le pôle positif de la pile, le négatif étant à la terre directement. Au troisième bouton L, communiquant avec le massif, on fixe le fil de ligne.

Or, il est facile de voir que, au repos, la ligne communique, par le massif, la barre et le contact postérieur, avec le récepteur et de là à la terre.

Si, au contraire, on appuie sur le bouton en corne du manipulateur, la ligne communique alors, par le massif, la barre et le contact antérieur, avec la pile du poste.

Les deux postes correspondants étant installés de cette façon, chacun d'eux peut donc, à volonté, recevoir dans son récepteur le courant du correspondant, ou lui envoyer le sien.

La position normale du manipulateur étant celle du repos, on voit que, dès qu'un courant viendra de la ligne, il fera fonctionner le récepteur.

Sonnerie. — Généralement, les détails du service ne permettant pas à l'employé d'être toujours auprès de son appareil, il pourrait ne pas entendre les appels de son correspondant, s'il n'était prévenu que par le bruit de la palette en mouvement.

On obvie à cet inconvénient en substituant

Fig. 4.

une *sonnerie* au récepteur dans les intervalles des transmissions.

La *sonnerie* employée dans l'Administration télégraphique est la sonnerie dite *trembleur*.

Son organe principal est un électro-aimant AA (*fig.* 4), pareil à celui du récepteur. Il est fixé solidement sur une des parois de la boîte qui le contient. Son armature de fer doux I est soudée à un ressort plat fixé sur le fond de la boîte.

Cette armature se termine par un marteau de cuivre C qui vient frapper un timbre D dès qu'elle est attirée par l'électro-aimant.

Un second ressort B est maintenu, comme le premier, de façon que l'armature s'appuie au repos sur son extrémité libre.

Les points de contact du ressort et de l'armature sont garnis de platine.

La borne E, qui maintient le ressort de contact, est reliée par un fil de cuivre à une borne L fixée à l'extérieur de la boîte.

La borne G, qui maintient le ressort de l'armature, est reliée directement à l'une des extrémités dénudées du fil des bobines. L'autre extrémité dénudée de ce fil est reliée de la même façon à une seconde borne T, en dehors de la boîte.

De sorte qu'il y a une communication métallique non interrompue entre la borne L et la borne T, en passant par la borne E, le ressort B, l'armature I *par les contacts,* la borne G et le fil des bobines.

Supposons qu'un courant arrive à la sonnerie par la borne L ; il parcourra tout le circuit que nous venons d'indiquer et sortira par la borne T.

L'électro-aimant, sous l'influence du courant qui parcourt ses bobines, attirera l'armature. Aussitôt la communication entre les contacts de cette armature et du ressort B cessera d'exister, et le courant ne pourra plus passer.

Le courant ne passant plus, l'armature ne sera plus attirée et retombera sur le ressort B.

Aussitôt le contact rétabli, le courant passera de nouveau, l'aimantation se reproduira pour cesser immédiatement, et ainsi de suite, tant que le courant arrivera à la borne L.

Ce mouvement de va-et-vient de l'armature sera d'autant plus rapide que l'espace parcouru par elle entre le ressort B et l'électro-aimant sera plus petit.

L'écartement étant convenablement réglé, on pourra obtenir ainsi un va-et-vient rapide analogue à un tremblement. De là est venu le nom de *trembleur* donné à l'instrument.

On comprend que le marteau, suivant le mouvement de l'armature, viendra frapper le timbre avec rapidité.

Tous les trembleurs ne sont pas construits sur un modèle uniforme. Ils varient dans les détails de construction, selon leur provenance. Mais le circuit intérieur de l'instrument est toujours le même.

Dans les modèles anciens, l'armature et son ressort de contact sont montés sur des bornes fixes, et l'on peut déplacer l'électro-aimant en desserrant la plaque qui le maintient contre la boîte.

On règle donc ces sonneries par tâtonnements, en déplaçant l'électro-aimant.

Dans le nouveau modèle adopté par l'administration, et qui est représenté par la figure 4, c'est l'électro-aimant qui est fixe.

L'armature est maintenue par son ressort

sur un massif d'*ébonite* (1) H, qui supporte également le ressort de contact et les isole l'un de l'autre.

Ce massif d'ébonite est lui-même fixé sur une plaque de cuivre mobile qui peut pivoter autour d'une vis O.

Le tout est monté sur une autre lame de cuivre vissée sur le fond de la boîte et qui supporte le pied du timbre D.

En faisant pivoter la lame mobile, on rapproche ou l'on éloigne à volonté des noyaux de l'électro-aimant, l'armature et le ressort de contact.

Celui-ci est maintenu contre l'armature par une vis de réglage K, montée également sur la plaque mobile et isolée par un support en ébonite.

Quand le réglage de l'armature est obtenu, on serre la lame mobile contre la lame fixe au moyen de la vis N, qui peut glisser dans une fente pratiquée au bas de la plaque mobile.

On règle aussi l'écartement du marteau et

(1) Caoutchouc durci.

du timbre en serrant ou desserrant la vis qui traverse le marteau et en forme la pointe.

Pour se servir d'une sonnerie, il suffit de faire arriver, comme pour le récepteur, la ligne à la borne L, et de mettre la borne T en communication avec la terre.

Mais la ligne étant ainsi en communication avec la sonnerie, dès que celle-ci fonctionnera il faudra lui substituer le récepteur pour répondre au correspondant et recevoir sa transmission.

Il est nécessaire que ce changement se fasse rapidement et sûrement.

On l'obtient au moyen d'un *commutateur*.

Commutateur. — Le *commutateur* sert à mettre, à volonté, la ligne en communication métallique soit avec le récepteur, par l'intermédiaire du manipulateur, soit avec la sonnerie.

L'administration en emploie actuellement de deux sortes :

Le commutateur *rond* et le commutateur *bavarois*.

Commutateur rond. — Le commutateur *rond* pourrait se comparer à la *plaque tournante* ou aux *aiguilles* employées sur les chemins de fer pour changer de voie.

C'est un disque de bois (*fig.* 5) garni de quatre boutons de cuivre A, B, C, D, qu'on fait communiquer, à volonté, avec un cinquième bouton L, au moyen d'une lame ou manette de cuivre G, mobile sur le centre du disque.

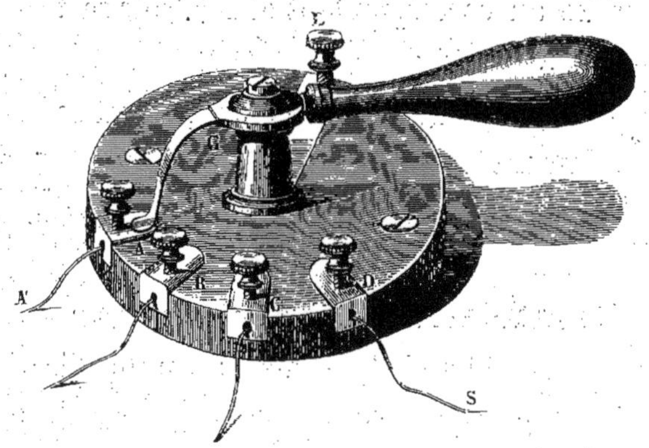

Fig. 5.

Deux trous, percés dans le disque, permettent de le fixer avec deux vis sur la *table de manipulation*.

On fixe le fil de ligne au bouton L.

On relie, par des fils de cuivre, deux des autres boutons, l'un D, par exemple, à la sonnerie, l'autre A au bouton du manipulateur qui communique avec son massif.

On n'a plus qu'à tourner la lame sur D pour être *sur sonnerie*, ou sur A pour être *sur récepteur*.

Dans les postes à plusieurs lignes, les autres boutons servent à mettre la ligne en communication, soit avec un autre appareil (*cadran*, par exemple), soit *directement* et *métalliquement* avec un autre poste.

COMMUTATEUR BAVAROIS. — Le commutateur *bavarois* (*fig.* 6) est une plaque épaisse de cuivre qu'on a coupée en trois morceaux par deux traits de scie, l'un en long, l'autre en large, de façon que les deux petits morceaux A, B sont égaux chacun à la moitié du grand C.

Avant d'être sciée, la plaque a été percée de deux trous D placés au milieu de chacun des deux petits morceaux, sur le trait de scie en long.

De sorte que ces deux trous ont été également séparés en deux par cette coupure.

Les trois pièces sont fixées par des vis sur

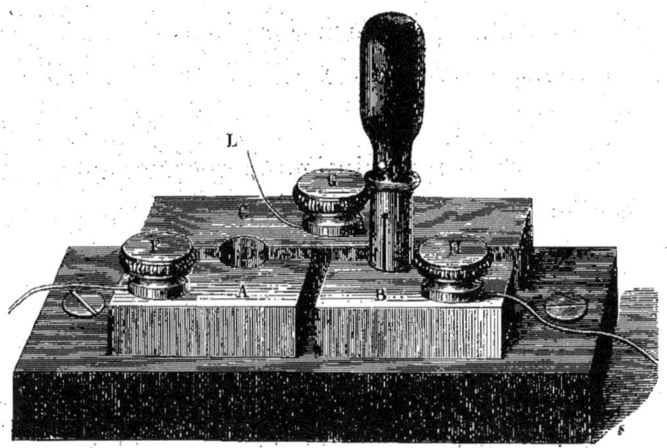

Fig. 6.

une plaque d'*ébonite*, dans la position qu'elles avaient avant d'être sciées.

Elles sont séparées les unes des autres par un intervalle de 2 millimètres environ de largeur.

On fait communiquer la grande bande avec l'une des deux petites, à volonté, en introduisant dans le trou placé sur le côté de cette petite bande une cheville en cuivre E.

Cette cheville (*fig.* 7) est creuse et fait ressort, parce qu'elle est sciée dans une partie de

Fig. 7.

sa longueur, ce qui permet de l'entrer dans les trous de la plaque, *en forçant*.

Deux trous, percés dans la plaque d'ébonite, servent à fixer ce commutateur sur la table, comme le commutateur rond, au moyen de deux vis.

Trois boutons de serrage F, G, H, placés chacun sur une des trois plaques, servent à attacher le fil de ligne L à la plus grande et à relier les deux autres plaques par un fil de cuivre, l'une à la sonnerie, l'autre au manipulateur.

Les plaques remplacent ici les boutons ou *contacts* du commutateur rond, et la cheville fait l'office de manette.

Dans les postes où un plus grand nombre de communications sont nécessaires, le commutateur bavarois comporte cinq plaques au lieu de trois, et six trous au lieu de deux.

Lorsqu'on appelle le correspondant, il est indispensable de pouvoir s'assurer si le courant émis par le manipulateur passe bien sur la ligne.

On opère cette vérification au moyen de la boussole ou *galvanomètre*.

Galvanomètre. — Le *galvanomètre* sert à constater le passage du courant de la pile et à mesurer, en outre, son intensité.

Lorsqu'on envoie un courant sur un *conducteur*, les diverses sections de ce fil, qu'il doit parcourir, offrent à son écoulement une résistance qui est en raison directe de leur longueur et en raison inverse de leur diamètre.

Cette résistance, qui varie, en outre, avec la nature du conducteur, modifie dans chaque cas l'*intensité* du courant.

C'est cette intensité d'écoulement qu'on peut mesurer avec la *boussole-galvanomètre*.

Tout le monde sait que la boussole est composée d'une aiguille en acier aimantée suspen-

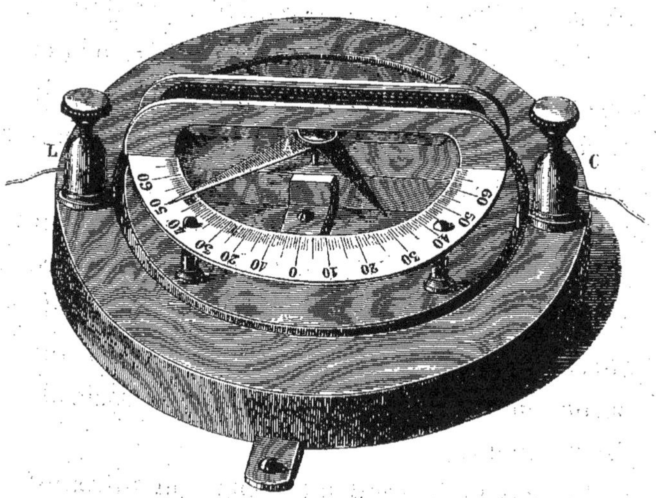

Fig. 8.

due par le milieu sur un pivot au centre d'un cadran.

On sait aussi que lorsqu'on tient ce cadran horizontalement, l'aiguille tourne et, après avoir oscillé un instant, reste immobile, une pointe tournée vers le nord, et l'autre pointe dirigée vers le sud.

L'aiguille aimantée possède une autre propriété qu'on a utilisée pour imaginer le galvanomètre.

Chaque fois qu'un courant électrique passe autour d'une aiguille de boussole, il la fait *dévier* : il l'écarte de sa direction normale.

Comme il agit sur elle toujours de la même façon, s'il passe dans un sens opposé, il la fait également dévier dans le sens contraire.

Le *galvanomètre (fig.* 8) est une boussole dont l'aiguille est suspendue au milieu d'un cadre en bois. Sur ce cadre est enroulé un fil de cuivre, dont chaque extrémité est reliée à une borne en cuivre L, C vissée sur le socle de l'instrument.

Au moyen de ces deux bornes, on introduit le galvanomètre dans le circuit, de sorte que le courant, chaque fois qu'il passe sur la ligne, parcourt le fil du cadre et fait *dévier* l'aiguille qui indique ce passage de courant.

Plus l'intensité du courant est grande, plus l'aiguille s'écarte de sa position de repos, et plus l'arc décrit par ses extrémités est grand.

Mesurer cet arc, c'est donc mesurer l'intensité du courant qui le produit.

Afin de rendre cette opération plus facile et plus claire, on a ajusté à angle droit une aiguille en cuivre A sur l'aiguille aimantée.

Les pointes de cette seconde aiguille reproduisent exactement les mouvements de l'aiguille d'acier. L'une d'elles oscille au-dessus d'un cadran de métal divisé en degrés.

Le point de repos de l'aiguille de cuivre est marqué zéro, et de chaque côté de cette division les degrés sont indiqués par dizaines jusqu'à 60 ou 70 degrés.

Lorsque l'aiguille dépasse la dernière division et atteint un angle de 80 ou 90 degrés, on dit qu'elle *renverse*.

Cela indique que les fils conducteurs traversés par le courant ne lui offrent pas une *résistance* suffisante et qu'il trouve la terre tout près du poste.

On place habituellement le galvanomètre de façon que le courant venant de la ligne parcourt le fil enroulé sur le cadre aussitôt après avoir traversé le *paratonnerre*, à l'entrée du poste, et avant de passer par les autres instruments. Pour cela on l'*oriente* d'abord (1), puis on fixe le fil de ligne à l'une des bornes et on relie par un fil de cuivre l'autre borne avec le bouton de ligne du commutateur.

Le poste ainsi monté, il ne reste plus qu'à le préserver des effets destructeurs de l'électricité atmosphérique, c'est-à-dire de la *foudre*.

Ce sont les *paratonnerres* qui servent à atteindre ce but.

Paratonnerre. — On emploie plusieurs sortes de *paratonnerres* :

1° Le paratonnerre *à bobine ;*

2° Le paratonnerre *à pointes mobiles ;*

3° Le paratonnerre *à papier ;*

4° Le paratonnerre *à lame de mica ou de gutta-percha,* etc. (2).

Tous ces paratonnerres sont basés sur le principe suivant : *L'énergie de l'électricité*

(1) Le galvanomètre est *orienté* lorsque l'aiguille aimantée, étant au repos, se trouve exactement dans le sens du cadre et que l'aiguille de cuivre est arrêtée sur la division zéro du limbe gradué.

(2) Il y a encore d'autres genres de paratonnerres : tels sont ceux qui résultent de la combinaison des pointes et de la bobine, etc. Nous décrivons les paratonnerres le plus généralement en usage.

atmosphérique, qui parcourt accidentellement les lignes télégraphiques, fond les fils ténus et brûle ou perce certaines substances; effets que ne peut produire le courant d'une pile ordinaire.

Paratonnerre a bobine. — Cet instrument consiste en une *bobine* (*fig.* 9) composée de trois parties en cuivre A, B, C séparées par deux rondelles isolantes D, E.

Fig. 9.

Un fil de fer très-fin, garni de soie, est enroulé sur la pièce du milieu B et tourne également dans une rainure pratiquée sur les trois pièces de cuivre. Ses extrémités sont *dénudées* et serrées aux deux bouts de la bobine par deux vis de cuivre à tête H, I.

De sorte que les deux extrémités A, C de la bobine communiquent métalliquement l'une avec l'autre par l'intermédiaire du fil et sont cependant isolées de la pièce B du milieu par les rondelles isolantes D, E et par la soie qui entoure le fil. (Si cette soie était de mauvaise qualité, les trois pièces communiqueraient ensemble.)

La bobine, ainsi garnie, est glissée dans trois bornes creuses M, N, O (*fig.* 10 et 11) montées sur le bord d'un socle en bois ou en ébonite P.

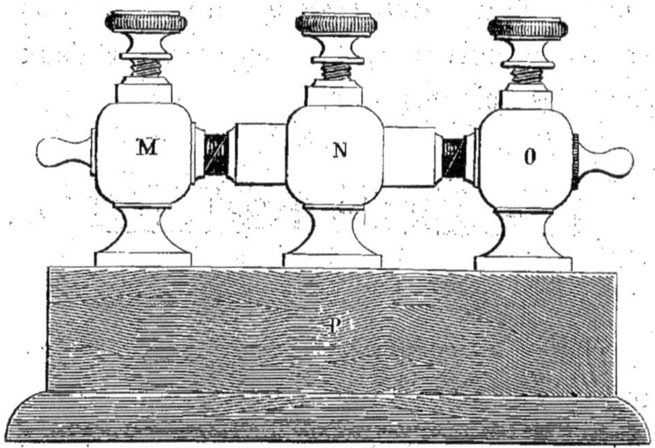

Fig. 10.

Le contact entre chacune des pièces et la borne qui l'entoure est assuré au moyen d'une vis qui surmonte la borne.

Chaque borne communique avec un bouton fixe de cuivre ou *contact* S, T, U (*fig.* 11) par une lame, également en cuivre, encastrée dans le socle.

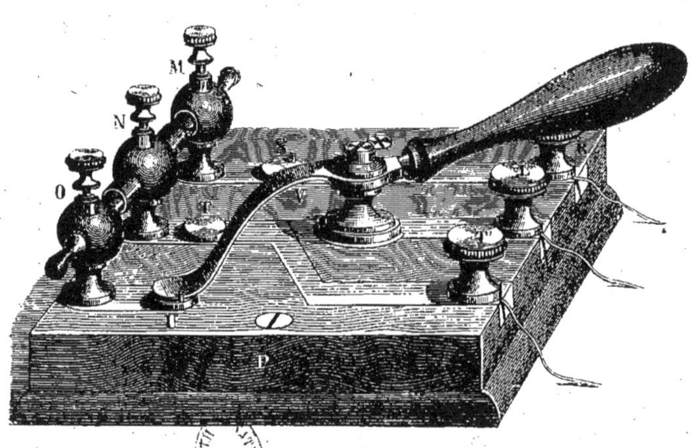

Fig. 11.

Une de ces lames est prolongée dans le sens de la longueur du socle; celle du milieu se prolonge aussi dans le même sens, mais en forme de Z, et leur extrémité libre est garnie d'un bouton mobile en cuivre R, T'.

Un troisième bouton mobile L, situé entre les deux premiers, communique, par une lame semblable aux autres, avec le pivot d'une manette de commutateur V. On peut peut amener à volonté cette manette sur l'un ou l'autre des *contacts*.

Les boutons mobiles servent à fixer les fils de communication.

On relie le bouton L du commutateur avec la ligne, celui de la lame droite R avec la borne de ligne du galvanomètre, et celui de la lame en forme de Z, T' avec la terre.

Le tout ainsi installé, si on place la lame de commutateur sur le contact S de la lame communiquant avec le galvanomètre, la ligne sera en communication métallique directe avec le manipulateur et le récepteur.

Au contraire, si l'on place le commutateur sur le contact opposé U, comme l'indique la figure 11, la ligne ne pourra plus communiquer avec le récepteur que par l'intermédiaire du fil de la bobine : On est alors *sur paratonnerre.*

Si l'on place le commutateur sur le contact du milieu, il fait communiquer métalliquement la ligne avec la terre.

Lorsqu'on est sur paratonnerre, le courant des deux postes correspondants traverse, par le fil de bobine, les deux pièces extrêmes A, C de cette bobine ; mais il ne peut passer dans la pièce du milieu B, qui communique à la terre, parce que la soie du fil l'isole complétement de cette pièce et de la borne N, et que le courant des piles ordinaires ne peut franchir cet obstacle.

Mais si l'électricité atmosphérique parcourt la ligne, en arrivant dans le paratonnerre, elle échauffe le fil de fer de la bobine jusqu'à brûler la soie qui l'entoure ; elle fond quelquefois le fil lui-même qui ne lui donne pas une issue suffisante, et la communication entre la ligne et la terre se trouve immédiatement établie.

Le fluide atmosphérique, trouvant un chemin facile vers la terre, s'y perd, et les appareils sont préservés.

On emploie un paratonnerre à bobine, dont le socle est une sorte de commutateur bavarois.

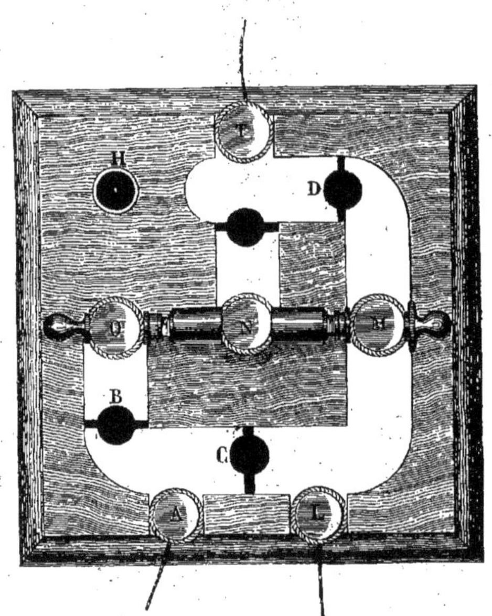

Fig. 12.

Les lames (*fig.* 12), au lieu d'être garnies de boutons fixes ou contacts, sont séparées les unes des autres par des trous ronds B, C, D, où peuvent pénétrer des fiches de cuivre (*fig.* 13) qui remplacent alors la lame de commutateur.

Fig. 13.

Les trois boutons mobiles reliés avec la terre T, l'appareil A, et la ligne L, sont montés, comme dans l'instrument précédent, sur les différentes lames encastrées dans le socle.

Ces lames communiquent également avec les trois bornes M, N, O de la bobine; mais la lame en Z, qui fait communiquer la borne du milieu avec le bouton de terre, est ici remplacée par deux lames différentes; de sorte qu'on peut à volonté faire communiquer, au moyen d'une cheville, la borne du milieu avec la terre, ou l'isoler en enlevant cette cheville.

Pour se mettre *sur paratonnerre*, on place la seconde cheville dans le trou B.

La communication *métallique directe* s'obtient en introduisant cette même cheville dans le trou C.

En se servant du trou D, on met la ligne directement à la *terre*.

Pour s'en rendre compte, il suffit d'examiner les lames incrustées avec les communications données par les différentes positions des chevilles.

Quand on ne se sert pas d'une des chevilles, on la place dans le trou H, destiné à cet usage.

Les paratonnerres à bobine se fixent habituellement sur les tables de manipulation. On en place d'autres à l'entrée même des fils dans les postes télégraphiques : tels sont le paratonnerre à pointes mobiles et le paratonnerre à lame de mica ou de gutta-percha.

Paratonnerre a pointes mobiles. — Le paratonnerre *à pointes mobiles* est tout simplement composé de deux montants ou plaques de cuivre complétement séparées l'une de l'autre et fixées sur un socle isolant en bois (*fig.* 14).

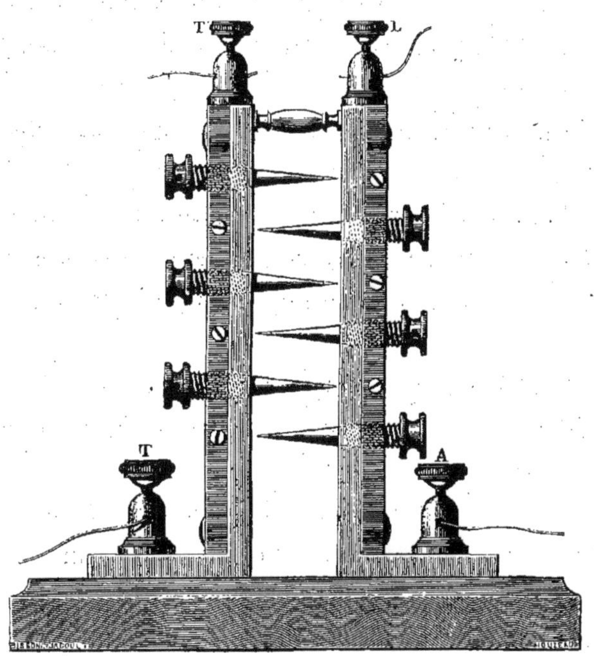

Fig. 14.

Ces deux plaques sont traversées par de grosses vis de cuivre terminées par une pointe très-aiguë.

Les vis sont montées de façon que toutes les pointes d'un montant approchent le plus près possible de la surface intérieure de l'autre montant, sans toutefois toucher cette surface.

Sur chacune des extrémités inférieure et supérieure des montants est vissée une borne en cuivre A, L, T, T'.

Au moyen de ces bornes, on introduit l'un des montants du paratonnerre dans le circuit de la ligne et on fixe un fil de terre à l'autre montant.

On voit que, le paratonnerre étant ainsi installé, la ligne se trouve armée d'une plaque et de plusieurs pointes placées en regard de pointes et d'une plaque communiquant à la terre.

La construction indiquée ci-dessus repose sur la propriété que possèdent les pointes de laisser échapper le fluide électrique plus facilement que toute autre surface.

En effet, l'électricité, *qui se propage par la surface des corps conducteurs*, tend toujours à s'accumuler sur les pointes de cette surface.

Cette accumulation détermine une *tension* du fluide qui, si le dégagement électrique est considérable, lui permet de s'échapper; surtout s'il y est sollicité par la présence d'un autre corps conducteur, par exemple, la surface des montants de cuivre du paratonnerre.

L'effet contraire a également lieu, c'est-à-dire que les pointes *soutirent*, en quelque sorte, le fluide des corps électrisés avoisinants. C'est ce qu'on appelle le *pouvoir des pointes.*

Dans l'état ordinaire, le courant de la pile d'un poste télégraphique n'a pas assez de *tension* pour franchir l'espace entre les pointes et les plaques, et il s'écoule par le circuit des appareils en les faisant fontionner.

Mais si l'électricité atmosphérique ou terrestre vient saturer fortement la ligne télégraphique, ne trouvant pas un écoulement assez rapide par les appareils, elle s'accumule sur les pointes du paratonnerre, et bientôt, franchissant l'intervalle qui la sépare des plaques, elle s'écoule à la terre.

Si ce passage du fluide atmosphérique a lieu

d'une manière intense, comme dans le cas d'un coup de foudre, par exemple, il peut produire un développement de chaleur tel que les pointes soient fondues. Pour éviter autant que possible cette fusion, les pointes des vis mobiles sont faites en platine, métal qui fond le plus difficilement.

PARATONNERRE A FEUILLE DE GUTTA-PERCHA OU A LAME DE MICA. — Le paratonnerre *à pointes multiples et à feuille de gutta-percha* est basé également sur le *pouvoir des pointes*.

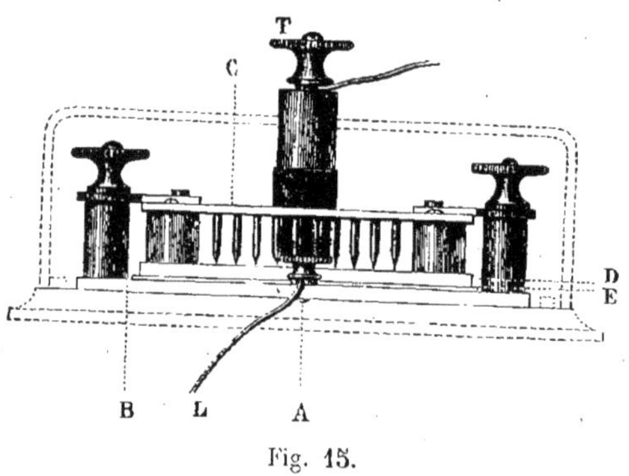

Fig. 15.

Une *dérivation* L de la ligne vient s'attacher par un bouton A (*fig.* 15) à une plaque de cuivre B, qui communique également avec une seconde plaque de cuivre C, garnie sur toute sa surface d'un grand nombre de pointes de fer (288 *pointes*).

Entre ces deux plaques, une troisième D, communiquant directement avec la terre par le bouton T, est fixée de façon que toutes les pointes de la seconde sont dirigées contre elle, sans cependant la toucher. Elle est serrée contre la première B, mais une feuille très-mince de gutta-percha E les sépare.

De cette façon, la ligne n'est séparée de la terre, qu'elle enveloppe en quelque sorte, que par le faible espace compris entre la plaque de terre D et les pointes, et par la feuille de gutta-percha.

Comme dans le paratonnerre à pointes mobiles, le courant des piles employées est trop faible pour franchir l'intervalle ou brûler la feuille de gutta ; mais la foudre peut facilement le faire et, dans ce cas, la *dérivation* entre la ligne et la terre se trouve établie.

La feuille de gutta-percha n'est employée que depuis peu de temps ; elle a été substituée à une lame de mica, qui existe encore dans tous les paratonnerres anciens de ce modèle.

PARATONNERRE A PAPIER.—Un paratonnerre très-simple est fréquemment employé dans les

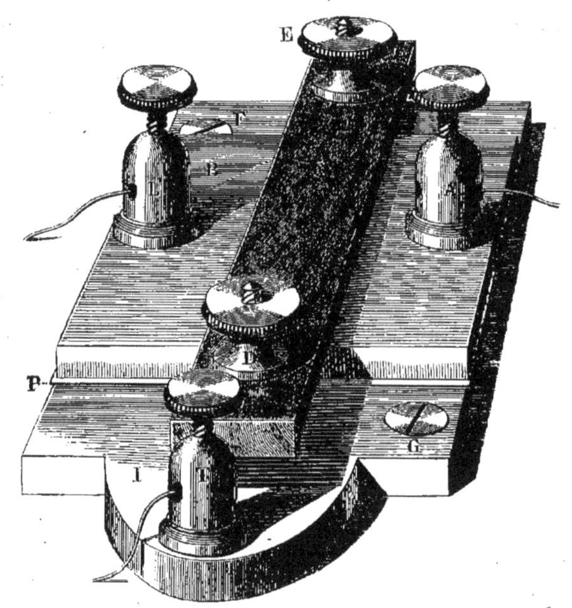

Fig. 16.

petits bureaux municipaux, et pour préserver les appareils des bureaux télégraphiques d'usines *(raperies,* etc.): c'est le *paratonnerre à papier.*

Cet instrument n'est autre chose que le précédent, moins la plaque garnie de pointes.

Une plaque épaisse de cuivre I (*fig.* 16) est reliée à la terre par la borne T.

Une seconde plaque B est maintenue fortement sur la première par une barrette de bois C et par deux boulons D, E.

Ces deux plaques sont *isolées* l'une de l'autre par une feuille de papier huilé P qui les sépare. Les boulons D, E, fixés dans la première plaque, sont isolés de la seconde par la barrette de bois sur laquelle agit directement le serrage des écrous.

Deux bornes A, L, montées sur la plaque supérieure, servent à la relier, d'un côté avec la ligne, de l'autre avec la borne de ligne du galvanomètre.

On fixe l'instrument sur la table de manipulation au moyen de deux vis F, G, qui traversent la plaque inférieure, laquelle, pour ce motif, est plus large que la plaque supérieure.

Le courant des deux postes correspondants, en parcourant la ligne, traverse la plaque supérieure B, mais ne peut passer sur l'autre, à cause du papier.

Celui-ci est facilement *brûlé* par les forts courants atmosphériques.

La communication entre la plaque de ligne et la plaque de terre est alors immédiatement établie par le point brûlé.

Quelques constructeurs ne mettent qu'une borne à chaque plaque : dans ce cas, au lieu d'*embrocher* la plaque supérieure sur le fil de ligne, on installe l'instrument, comme le précédent, en simple *dérivation ;* c'est-à-dire qu'on relie l'une des plaques, indifféremment, au fil de ligne par une *ligature*, et l'autre plaque à la terre.

MANIPULATION. — LECTURE

Comme il a été dit : tant que le courant passe dans l'appareil, si celui-ci déroule, il se forme un trait continu sur la bande.

Or les signaux Morse sont composés de *traits* et de *points*.

Il faut donc que le courant ne passe sur la ligne et dans le récepteur, que le temps nécessaire pour former chaque trait ou *barre* et chaque point.

On envoie le courant dans l'appareil du correspondant en appuyant sur le manipulateur.

La *manipulation* consiste à appuyer convenablement sur le bouton de cet instrument pour former le signal.

On s'exerce d'abord avec un manipulateur

au moyen duquel on envoie le courant dans un récepteur.

Pour cela, on relie directement, par un fil de cuivre, le bouton de ligne du manipulateur au bouton de ligne du récepteur; celui-ci, communiquant d'ailleurs à la terre, et le manipulateur à la pile, comme il a été indiqué.

Si l'on ne peut se servir que d'un appareil déjà installé *en ligne*, il suffit de laisser le commutateur *sur sonnerie*, et de relier l'un à l'autre les boutons de ligne L et d'appareil A du manipulateur (*fig.* 3).

Cela s'appelle travailler *en local*.

Le premier exercice consiste à faire d'abord des points égaux et réguliers.

L'espace qui sépare un point d'un autre doit être égal à la longueur d'un point. Il faut donc que la main reste également levée et baissée tant qu'on fait des points.

On doit commencer par battre une mesure égale à peu près à celle d'un balancier à secondes, *en appuyant à chaque temps* :

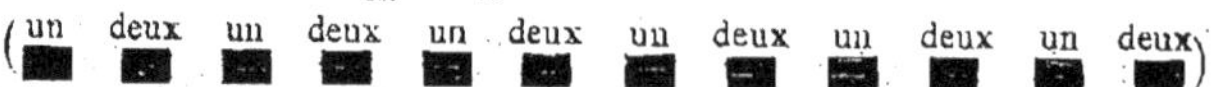

Quand on a bien répété cet exercice, on continue un peu plus vite, en observant toujours une grande régularité de mouvements :

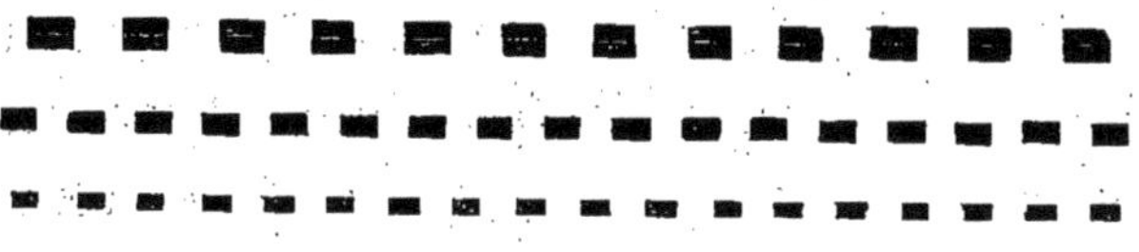

On augmente ainsi graduellement la vitesse ; mais il ne faut pas chercher à manipuler rapidement pour commencer. La rapidité s'acquiert toute seule avec l'habitude de la manipulation. Quand, au début, on manipule trop vite, c'est presque toujours au détriment de la régularité des signaux.

Il est, d'ailleurs, indispensable d'accoutumer, dès le commencement, l'oreille à bien suivre les mouvements de la main, si l'on veut parvenir à lire au son.

Quand on peut produire les points régulièrement, on s'exerce à faire des *barres*.

Pour cela, au lieu de compter un temps simple, comme pour chaque point, on compte un *temps double, en appuyant* :

Le temps pris pour relever la main suffit à

la séparation des traits, et cet intervalle est le même que pour les points *(c'est-à-dire la longueur d'un point)*. Le trait se trouve ainsi avoir la longueur exacte de *trois points*.

Comme pour les points, on s'exerce d'abord lentement, puis on augmente graduellement la vitesse.

Le troisième exercice se compose de traits et de points. On les fait de la même façon, en comptant un *temps simple* pour les *points*, et un *temps double* pour les *barres*.

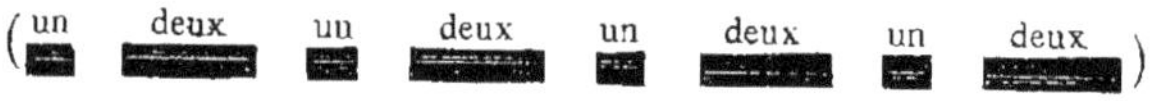

(un ▬ deux ▬▬▬ un ▬ deux ▬▬▬ un ▬ deux ▬▬▬ un ▬ deux ▬▬▬)

Chacun de ces exercices doit être répété souvent, mais il ne faut pas les prolonger trop longtemps. Alors la main se fatigue, et au lieu d'obtenir des points ou des traits réguliers, on les saccade.

On varie le troisième exercice en commençant par un trait et en finissant par un point, et, au contraire, en commençant par un point et finissant par un trait.

Ensuite, on s'exerce à répéter :

Un trait et un point ;

Un trait et deux points ;

Un trait et trois points, etc. ;

puis :

Un point et un trait ;

Un point et deux traits, etc.

On répète ensuite cet exercice en sens inverse, c'est-à-dire en commençant par un, deux, trois, quatre traits, ou par un, deux, trois, *quatre* points.

Il faut s'appliquer à bien reproduire ce dernier exercice et *surtout à l'exécuter lentement*.

Cette observation s'adresse particulièrement aux personnes nerveuses.

En effet, lorsqu'un signal commence par plusieurs points comme la lettre V (· · · —) ou le chiffre 4 (· · · · —), par exemple, leur main se fatigue, si elles veulent aller trop vite ; elles ne peuvent détacher suffisamment les points et il en sort un de moins. Le second point se trouve seulement un peu plus long que les autres. Cela produit · – — au lieu de · · · —, ou · – · — au lieu de · · · · —; ce qui ne peut être lu que par un œil très-exercé.

Quand la main et l'oreille sont bien rompues à tous ces exercices, on reproduit l'alphabet

Morse en le lisant sur un modèle ; c'est-à-dire qu'on en reproduit les signaux avec le manipulateur, en suivant des yeux les traits et les points qui les composent.

On apprend à lire en même temps qu'à manipuler, et il faut s'exercer à répéter de mémoire chaque lettre ou signal.

Pour cela, on copie à la plume, en signaux Morse, quelques lignes qu'on rétablit ensuite, de mémoire, en écriture ordinaire.

Lorsqu'on a essayé de transmettre dans un récepteur *en local*, on doit également s'exercer à rétablir cette transmission en écriture ordinaire.

Si plusieurs élèves s'exercent ensemble, l'un essaye de transmettre et l'autre de lire la transmission du premier.

L'espace qui sépare les signaux (*points ou traits*) d'une même lettre doit être *égal à un point*.

L'espace entre deux lettres doit être *égal à trois points*.

L'espace entre deux mots doit être *égal à cinq points*.

Réglementairement, la dimension d'une

barre doit être égale à celle de trois points non séparés. Si les traits sont plus longs, la lecture est encore facile ; mais, s'ils sont plus courts, elle est, au contraire, difficile. Ainsi, quand un signal se termine par un trait, beaucoup d'employés n'appuient pas assez longtemps sur ce dernier trait, et il sort un point. Les employés exercés lisent néanmoins cette transmission, mais la lecture en est difficile pour les commençants. Il faut éviter de prendre cette habitude, qu'il est très-difficile de perdre.

Dans certains cas, on doit *forcer* les points. Nous reviendrons sur cet objet à la *translation*.

On ne peut indiquer exclusivement une manière de tenir le bouton du manipulateur. La conformation de la main variant avec chaque personne, ce qui est plus facile à l'une est incommode et même impossible à l'autre.

Autant que possible, il ne faut pas que la main touche le métal du levier ni les boutons de pile ou de ligne du manipulateur, surtout lorsqu'il y a de l'orage. C'est dans le but d'isoler la main que le bouton est fait de bois ou de corne.

TABLEAU DES SIGNAUX EMPLOYÉS

DANS LE SERVICE DE L'APPAREIL MORSE EN FRANCE

LETTRES

CHIFFRES

(1) La plupart des employés transmettent le zéro par le signal ▬▬, beaucoup plus rapide, mais qu'il faut bien éviter de confondre avec la lettre *t*.

PONCTUATION

Point.	[.]	· · · · · ·
Point et virgule.	[;]	— · — · — ·
Virgule.	[,]	· — · — · —
Deux points.	[:]	— — — · · ·
Point d'interrogation ou demande de répétition d'une transmission non comprise. .	[?]	· · — — · ·
Point d'exclamation.	[!]	— — · · — —
Apostrophe	[’]	· — — — — ·
Alinéa.		· — · — · ·
Trait d'union	[–]	— · · · · —
Parenthèses *(avant et après les mots entre)*.	[()]	— · — — · —
Guillemets *(avant et après les mots entre)*.	[« »]	· — · · — ·
Soulignés *(avant et après les mots)*		· · — — · —
Signal séparant le préambule de l'adresse, l'adresse du exte, et le texte de la signature (1)		— · · · —

(1) Beaucoup d'anciens employés se servent, pour indiquer la signature, du signal

· · · · · · · · · · · ·

ou plus simplement du signal · · · ·.

INDICATIONS DE SERVICE

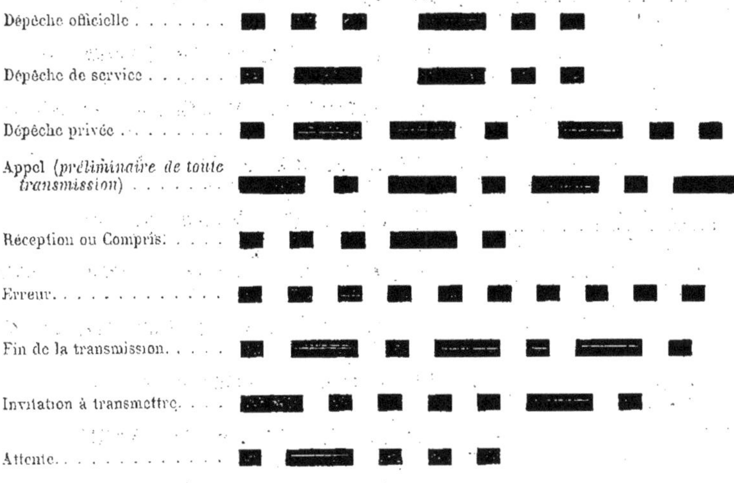

Les tableaux ci-dessus indiquent tous les signaux réglementaires en France.

Les langues étrangères possèdent des lettres qui n'existent pas dans l'alphabet français. Le son exigé par chacune de ces lettres nécessite, pour être reproduit en français, l'emploi de plusieurs de nos lettres.

Les mots étrangers, ainsi travestis, ne

seraient plus compréhensibles pour les destinataires, parce que les lettres doubles, nécessaires pour en indiquer la prononciation exacte à des yeux français, n'ont pas la même valeur dans tous les pays de l'Europe. Il faut donc, en cas de besoin, connaître ces lettres étrangères et les signaux qui les représentent.

Voici ces signaux tels qu'ils ont été admis pour la correspondance internationale :

LETTRES	SIGNAUX	VALEUR en FRANÇAIS
ä (*a adouci allemand*).	▬ ▬▬ ▬ ▬▬	**ai**
å (*a suédois*).	▬ ▬▬ ▬▬ ▬ ▬▬	**o**
ñ (*n espagnol*).	▬▬ ▬▬ ▬ ▬▬ ▬▬	**gn**, mouillé comme dans l'espag*nol*.
ö (*o adouci allemand*).	▬▬ ▬▬ ▬▬ ▬	**eu**
ü (ŭ *adouci allemand*).	▬ ▬ ▬▬ ▬▬	**u** (le *u* allemand [ŭ] se prononce **ou**).

Un signal inusité dans le service intérieur français, quoique réglementaire, mais nécessaire dans le service international, est l'indication de service *Accusé de réception* :

▬ ▬▬ ▬ ▬ ▬▬ ▬ ▬ ▬▬ ▬

RÉGLAGE

La condition essentielle pour que les signaux soient lisibles sur la bande, c'est qu'ils soient bien marqués, nets et surtout qu'ils ne soient pas tronqués.

Les signaux sont produits :

1° Par les *contacts* qu'on forme au *manipulateur ;*

2° Par le *jeu* de la *palette* du récepteur, sous l'influence du *courant ;*

3° Par le *déroulement* convenable de la *bande ;*

4° Par l'*encre* dont la *molette* est humectée.

De là quatre réglages nécessaires pour assurer une impression nette et une lecture facile, la transmission étant d'ailleurs suffisamment bonne.

Réglage du manipulateur. — Le manipulateur doit être réglé selon la façon de transmettre et la vitesse de la transmission.

Plus la vis R (*fig.* 3) est serrée, plus l'espace entre les contacts est restreint, et plus cet espace peut être parcouru vivement.

Donc, pour une transmission rapide, il faut serrer la vis R le plus possible.

Mais alors, si la main est lourde, en pesant sur le levier elle met à la fois au contact les deux extrémités de ce levier. Le courant, trouvant une issue plus directe par le récepteur du poste de départ, se perd en partie par cet appareil et n'arrive que très-affaibli chez le correspondant. Il n'agit qu'imparfaitement sur le levier du récepteur d'arrivée, et les points ne sortent pas ou sortent mal : les *traits sont coupés*. L'employé qui *manipule* entend la palette de son appareil frapper contre la molette : il doit *desserrer* la vis R.

Il peut se faire que cet effet n'ait pas lieu au départ, mais que, par suite de la lourdeur de la main, de la fatigue du bras, ou de causes extérieures agissant sur la ligne, les signaux arrivent trop rapprochés, *collés*.

Dès que le correspondant se plaint que *tout colle,* il faut également *desserrer :* le levier du manipulateur ayant un plus grand espace à parcourir, l'intervalle entre les émissions est plus grand, les signaux sont séparés davantage.

Cependant, autant que possible, dans un bureau où il y a plusieurs manipulateurs, il faut les tenir serrés et s'habituer à transmettre sans bruit. Cela permet aux employés qui *reçoivent* de pouvoir lire à l'oreille en même temps que des yeux : c'est un droit réciproque.

Le manipulateur nouveau modèle, représenté par la figure 3, permet une grande sensibilité de réglage, mais il demande plus de délicatesse dans la manœuvre, à cause de ses pivots. Si ces derniers sont trop serrés, le levier reste suspendu, le ressort I n'étant plus assez fort pour ramener la vis R au contact après les émissions de courant.

Ce défaut de contact se produisant à la fin de la transmission a pour effet d'*isoler* le *récepteur* et de faire croire que le correspondant ne répond pas.

On remédie à cet inconvénient en desserrant la vis G.

Quel que soit, d'ailleurs, l'instrument dont on se serve, on doit éviter de frapper violemment sur le bouton. Cela est tout à fait inutile, car un grand coup ne produit pas, à l'arrivée, une attraction plus forte qu'un coup léger. La palette ne fait pas plus de bruit, et l'on risque d'enfoncer le contact inférieur dans le bois du socle.

Dans les manipulateurs ancien modèle, il y a trois frottements : l'un entre la face inférieure du levier et l'extrémité recourbée d'un petit ressort-lame que remplace le ressort à boudin dans le nouveau modèle ; les deux autres frottements se produisent entre les deux faces de côté du levier et les parois intérieures du massif.

On ne doit jamais mettre d'huile ni dans le massif, ni à la vis G, qui sert de pivot, ni à l'extrémité libre du ressort-lame. C'est par là que la ligne est mise alternativement en communication avec la pile ou le récepteur, et l'huile empêche le courant de passer. Ce graissage a un autre inconvénient ; il forme un cambouis qui non-seulement isole, mais rend la manipulation très-pénible.

La vis G et les parois du massif et du levier doivent toujours être très-propres.

Un autre inconvénient de ce manipulateur ancien modèle, c'est le ballottage du levier dans le massif, ballottage qui se produit à la longue.

Cela provient de ce qu'on ne peut serrer suffisamment le levier au moyen de la vis G.

Il arrive alors que, si l'on n'appuie pas régulièrement, le levier, s'abaissant de travers, établit une communication entre la pile et le récepteur du poste même.

Si l'on ne se rend pas compte de cet effet, on croit être *coupé* par le correspondant, on s'arrête, on demande : *où?* et l'on perd son temps.

RÉGLAGE DU RÉCEPTEUR

Réglage de la palette. — La fonction de la palette est de presser, sous l'influence du courant, le papier contre la molette.

Il faut que son *armature* puisse être attirée par le courant le plus faible, et que cette attraction soit assez forte pour que la molette laisse sur la bande une trace nette et pure.

Il s'ensuit deux réglages distincts de la palette :

1° *Pression* contre la molette ;

2° *Jeu* entre les deux contacts I, P′ (*fig.* 2 et 17).

La première partie de ce réglage s'opère avant la réception.

Les vis-contacts I et P′ limitent la course du levier. La vis P′ a pour but d'empêcher

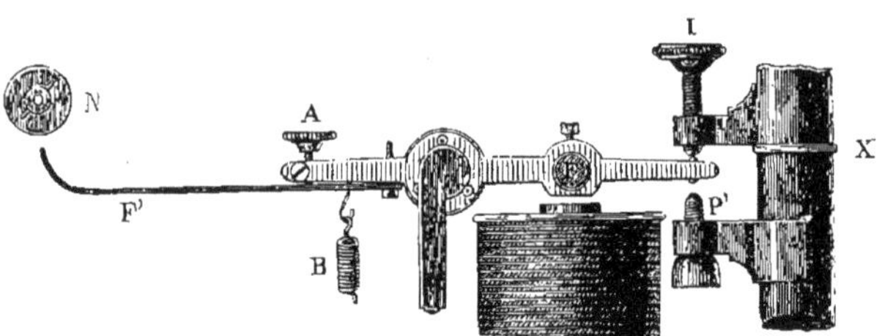

Fig. 17.

l'armature de fer doux F de venir toucher les noyaux de l'électro-aimant, tout en lui permettant d'en approcher le plus près possible. Cette vis a été réglée à la construction ; on ne doit pas y toucher.

Elle est, d'ailleurs, disposée de façon à ne pouvoir être déplacée à la main. Ce déplacement, s'il devient nécessaire, doit être fait par le contrôleur ou le mécanicien.

Pour régler la pression, on abaisse avec le doigt le levier (*côté de l'armature*) jusqu'à ce qu'il soit *au contact*, c'est-à-dire jusqu'à ce qu'il touche la vis P'.

De l'autre main, on serre la vis de réglage A de façon à empêcher la palette (*qui se trouve ainsi relevée*) de toucher la molette N.

Puis, progressivement, en maintenant toujours le levier au contact, on desserre cette vis A, jusqu'à ce que la palette vienne toucher légèrement la molette. L'appareil déroulant, il se forme une ligne qui, d'abord, n'est pas bien marquée ; elle ressemble plus à un trait de crayon gras qu'à un trait de plume. On desserre encore légèrement la vis A, jusqu'à ce que le trait soit bien encré et bien net.

Ce résultat, si le tampon est convenablement encré, doit s'obtenir *sans que la palette fléchisse lorsqu'elle frappe la molette.*

La vis I doit être écartée de la vis P′, de façon à laisser un espace de 1mm,5 à 2 millimètres, au plus, entre la bande et la molette, lorsque la palette est abaissée sous l'action du ressort B. L'écartement entre le papier et la molette doit être suffisant pour les empêcher de frotter l'un sur l'autre, lorsque le courant ne passe pas.

Cette première condition de réglage remplie, on procède à la seconde (*jeu du levier*).

Cessant d'appuyer avec le doigt, on détend complétement le ressort de rappel B. Si le levier s'abaisse de lui-même sur le contact P′, on retend le ressort jusqu'à ce que, sous son action, le levier se relève et vienne s'appliquer contre le contact I. Quelquefois, le poids de la palette maintient le levier relevé. On s'assure du bon contact entre ce dernier et la vis I en l'abaissant avec le doigt, et, s'il ne se relève pas franchement, on tend très-légèrement le ressort de rappel.

L'action du ressort B et la pression du papier contre la molette étant bien assurées, on invite le correspondant à transmettre.

Si son courant est trop fort, le levier ne se relève plus assez rapidement, et l'on a des traits presque continus sur la bande. On tend légèrement le ressort B, pour contre-balancer la force du courant de la ligne. Cependant il ne faut pas tendre outre mesure, sous peine de fatiguer ce ressort : on doit alors faire diminuer la pile du correspondant.

Quand on n'est pas encore bien familiarisé avec les appareils, pour régler sous l'action du courant, on dit au correspondant : *faites points*, et l'on tend jusqu'à ce que les points soient nets et bien détachés. Avec l'habitude, on parvient à opérer ce réglage sur les premières émissions de courant qui arrivent dans le récepteur.

Si, le ressort étant complétement tendu, les signaux se touchent encore, on dit au correspondant : *tout colle, diminuez.* Si, pour une raison quelconque, il ne peut momentanément diminuer sa pile, on glisse un morceau ou deux de papier-bande entre l'armature et les noyaux de l'électro-aimant. Cela diminue l'action de l'aimantation ; mais cette épaisseur de papier peut empêcher la palette de frapper convenablement la molette. L'impression se ferait mal. Il faut alors desserrer légèrement la vis A, jusqu'à ce que les signaux se marquent bien sur la bande.

Si le courant du correspondant est trop faible pour bien attirer le levier, on sert graduellement la vis-contact I, pour diminuer l'espace entre l'armature et l'électro-aimant.

Celui-ci exerce alors une action plus efficace sur cette armature.

Dans le premier cas, le papier qu'on a glissé sur les noyaux empêchant le contact entre le levier et la vis P', on n'entend pas distinctement le bruit du levier. Dans le second cas, la course entre les contacts étant trop minime, ce bruit n'est également pas assez perceptible.

Il faut donc, autant que possible, éviter ces deux réglages et faire augmenter ou diminuer la pile du correspondant, selon le cas.

Réglage du déroulement de la bande.— On place la bande de papier sur un *dévidoir* D (*fig.* 1), qui surmonte le récepteur. Ensuite on l'introduit dans une fourche E où elle est maintenue par un petit ressort. Puis on la glisse entre la molette et la palette, en la faisant passer autour d'un *guide g*, et de là entre les cylindres R et *r*. Le *guide g* doit la maintenir de telle façon que l'impression des signaux ait lieu exactement au milieu de la bande.

Au fur et à mesure de la transmission, on enroule la bande qui a servi sur un *rouet* (*fig.* 18) fixé sur la table, à la gauche de l'employé.

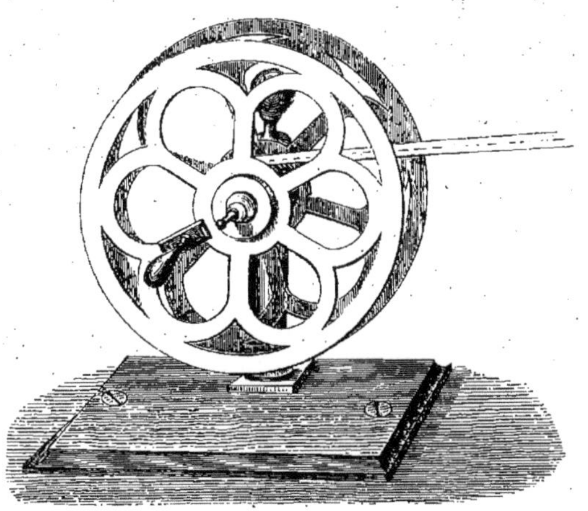

Fig. 18.

Le déroulement de la bande est produit par un *mouvement d'horlogerie*.

Tout mouvement se compose d'un *poids* ou

d'un *ressort* qui est le *moteur*, et d'un certain nombre d'*axes* supportant chacun une *roue* et un *pignon*.

L'ensemble d'un *axe* ou *arbre* avec sa *roue* et son *pignon* constitue ce qu'on nomme un *mobile*.

Le mouvement est produit par le moteur *(chute du poids modérée par le régulateur* ou *détente du ressort)* dès que celui-ci est *remonté*. Ce mouvement se transmet de mobile en mobile, jusqu'à un dernier axe supportant un *régulateur*.

Il y a plusieurs espèces de régulateurs ; leur but est le même : régulariser le mouvement général et, par suite, celui des organes principaux de la machine.

Le régulateur fait équilibre à la force développée par le moteur, en ajoutant à la *résistance* totale de tous les mobiles une dernière résistance *variable*. Quand la vitesse devient trop rapide, cette résistance du régulateur augmente et elle ralentit le mouvement ; si celui-ci diminue, elle diminue également, et le mouvement s'accélère.

On pourrait comparer l'ensemble des rouages

à une balance supportant d'un côté le moteur *(poids à peu près fixe)* et, de l'autre côté, le total des résistances de tous les mobiles *(poids inférieur au premier)*. Le régulateur serait le petit poids destiné à déterminer l'équilibre et, par conséquent, variant selon les différences légères de poids des mobiles réunis.

Dans le récepteur *Morse,* le régulateur est un petit *volant à ailettes* situé sur le côté droit de l'appareil.

Le volant déterminant l'équilibre entre les mobiles et le moteur, la plus faible résistance ajoutée au régulateur cause nécessairement l'arrêt de tout le système. Aussi, on arrête facilement le mouvement au moyen d'une petite tige *t* (*fig.* 1) placée au bas de l'appareil et qui vient buter contre le volant même.

Le mouvement d'un Morse est composé d'un *barillet* contenant le *ressort moteur*, de trois *mobiles* horizontaux et d'un axe vertical supportant le *volant régulateur*.

Sur le second mobile, nous l'avons dit en commençant, engrène, par un pignon, l'axe d'un *rouleau* en cuivre R, situé devant l'appareil et en dehors du rouage. Sur ce rouleau s'abaisse un autre cylindre r également en cuivre plein, mais un peu moins large. Un ressort, fixé sur le support de ce dernier rouleau, s'applique sous une vis de réglage V qui sert à le tendre. Sous la pression du ressort, le petit cylindre appuie fortement sur le gros. Leurs surfaces sont rugueuses, ce qui fait que lorsque le rouleau inférieur tourne, sous l'action de son mobile, il communique son mouvement à l'autre rouleau. Si la bande est pincée entre eux, ils l'entraînent nécessairement dans leur mouvement de rotation.

C'est ici qu'un réglage est nécessaire.

En poussant de droite à gauche le bouton C, on fait basculer la manette M. Cette manette soulève, en se déplaçant, le support du rouleau r. Cela permet d'introduire la bande entre les deux cylindres. Alors, le bouton de la manette étant ramené à droite, le petit rouleau s'abaisse et serre la bande.

Pour régler cette pression, on desserre d'abord complétement la vis V, et l'on met l'appareil en mouvement. La bande étant alors mal pincée, ne se déroule pas ou s'avance irrégulièrement.

On serre alors la vis V, jusqu'à ce que la bande soit bien entraînée par les deux rouleaux, mais pas plus.

Ensuite, la palette étant bien réglée elle-même, on appuie sur le levier pour appliquer la bande contre la molette. Si la bande s'arrête, on serre légèrement la vis V, jusqu'à ce que les rouleaux R et *r* entraînent parfaitement le papier, mais pas plus.

Si les cylindres étaient trop serrés l'un contre l'autre, cela augmenterait la résistance de leur mobile et nuirait au fonctionnement de l'appareil : la bande avancerait par soubresauts.

En général, ce réglage est bon quand, après avoir relevé le rouleau supérieur avec le levier M, ce rouleau reste soulevé. S'il retombe de lui-même, c'est que le ressort est trop tendu ; il faut desserrer graduellement la vis V, jusqu'à ce que cette chute n'ait plus lieu.

Donc, pour que le papier avance bien, il faut d'abord que le ressort de l'appareil soit tendu, c'est-à-dire *remonté,* au moyen d'une clef vissée en O (*fig.* 1) ; que le volant soit rendu libre par la tige *t* ; que la palette ne soit pas trop relévée et ne presse pas trop fortement contre la molette; enfin, que le ressort des rouleaux ne soit ni trop tendu ni trop détendu.

Encrage. — L'encre employée pour l'appareil Morse est l'encre dite *oléique* ou encre grasse.

On la dépose, avec un pinceau, sur le *tampon* circulaire en drap T (*fig.* 1). Celui-ci appuie sur la *molette* N qui, en tournant, lui communique son mouvement et se charge légèrement d'encre par suite du frottement.

Quand le tampon est neuf, il faut l'imbiber souvent; mais, dès qu'il est bien imprégné, il suffit d'un ou deux encrages par jour. Il faut éviter avec soin de prendre trop d'encre avec le pinceau, parce que, si le tampon en est surchargé, cette encre se dépose en trop grande quantité sur la molette. Les signaux sont alors pâteux ; ils se confondent, ne sèchent pas assez vite, et la transmission est difficile à lire. De plus, au repos, l'encre surabondante glisse du tampon sur la molette et se dépose en goutte sur la bande. Quand celle-ci se déroule, l'encre entraînée est écrasée par les cylindres R et r, et forme une tache qu'ils reproduisent à chaque tour sur la transmission. La lecture devient également incertaine.

Pour encrer le tampon, on met l'appareil en mouvement et l'on applique l'encre avec le pinceau bien égoutté. On peint, en quelque sorte, légèrement le tampon.

On évite ainsi de tacher les organes qui l'avoisinent, et lui-même s'encrasse moins facilement.

En appuyant sur le levier de l'appareil, on détermine sur la bande un trait qui indique si l'encrage est suffisant.

Récepteur à noyaux mobiles. — L'Administration vient d'adopter un nouveau système de Morse, dont les conditions de réglage sont considérablement simplifiées.

Dans les deux modèles du Morse dont nous avons déjà parlé, les ressorts antagonistes finissent par s'allonger, et leur action sur le levier devient presque nulle. Même quand ces ressorts ne sont pas déformés, ils peuvent être impuissants à faire équilibre aux différentes intensités de courant.

Dans ce cas, il faudrait donner plus de

champ au jeu de l'armature, en desserrant la vis I (*fig.* 1, 2 et 17), mais cette opération est assez délicate, la vis I étant généralement difficile à desserrer. Nous avons vu, page 76, qu'on peut remédier à cet inconvénient en interposant une ou plusieurs épaisseurs de papier entre les noyaux de l'électro-aimant et l'armature.

Cette façon de régler a pour résultat de forcer à desserrer la vis de réglage de la palette (A, *fig.* 2 et 17), afin d'assurer le frottement de la molette sur le papier.

Réglage de l'aimantation. — Le nouveau modèle permet d'obtenir toutes ces conditions de réglage en même temps, et par la manœuvre du seul bouton B (*fig.* 19 et 20).

Le ressort antagoniste du levier de cet appareil est un ressort-lame R (*fig.* 20), fixé sous le pivot même du levier et réglé une fois pour toutes. Sa tension doit être suffisante pour maintenir au repos l'armature A relevée au-dessus des noyaux, et la ramener dans cette position aussitôt après le passage du courant, mais rien de plus.

Le jeu de la palette devant être toujours le même, l'écartement des vis I et P' ne doit pas non plus varier.

C'est en modifiant la distance entre l'armature A et les noyaux N que l'on atténue les effets des variations du courant, et c'est là l'unique réglage de cet appareil.

L'attraction de l'armature par les noyaux de l'électro-aimant ne dépend pas seulement de l'intensité du courant qui traverse les bobines ; elle dépend aussi de la distance entre ces noyaux et l'armature.

Cette attraction décroît très-rapidement, à mesure qu'on augmente l'intervalle qui les sépare.

Le contraire a lieu si on les rapproche.

La position de repos de l'armature restant toujours la même par le réglage fixe des vis I et P' et du ressort antagoniste R, on modifie l'intervalle entre l'armature A et les noyaux N en déplaçant l'extrémité supérieure de ces derniers.

Voici comment :

Les noyaux des bobines sont deux tubes F en fer doux. Ils sont fermés à leur extrémité

Fig. 19.

supérieure par des petits bouchons N, de même métal, qui peuvent glisser dans l'intérieur des noyaux F.

Ces bouchons sont vissés chacun sur une tige de fer T, T′ traversant les noyaux d'un bout à l'autre.

Ces deux tiges sont montées par leur extrémité inférieure de chaque côté d'un levier L (*fig.* 20 et 21), au moyen d'un pivot commun VV′. Le levier peut lui-même pivoter entre deux vis OO′ fixées sous le socle de l'appareil par un petit massif. Son extrémité libre M est commandée par une tige D logée dans l'intérieur de la colonne C du récepteur.

L'ensemble des bouchons, de leurs tiges et du levier inférieur présente exactement l'aspect de deux pistons mus par un même levier et dont les corps de pompe seraient les deux noyaux de l'électro-aimant. Seulement, la pompe serait renversée et le jeu des pistons très-restreint.

On peut vérifier cette comparaison en retournant la figure 20.

La tige D qui commande le levier des noyaux est munie, à sa partie supérieure, d'un bouton

Fig. 20.

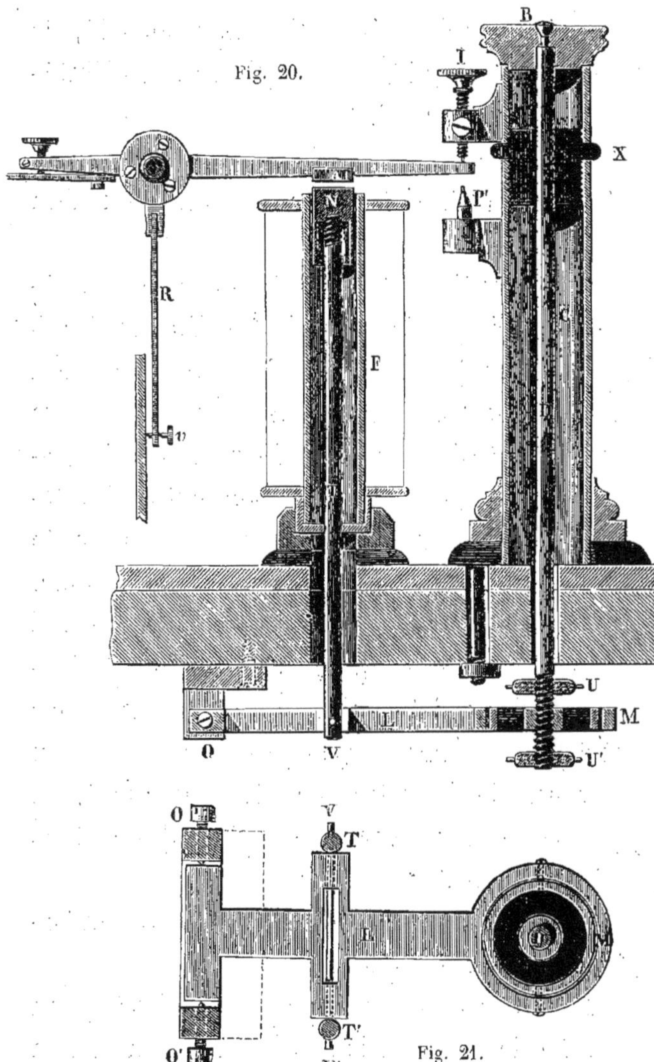

Fig. 21.

en cuivre molleté B; sa partie inférieure se termine par un pas de vis; elle pénètre à travers l'extrémité libre M du levier, qui est *taraudée* à cet effet. De sorte que si l'on *tourne*, avec la main, le bouton molleté B, on fait monter ou descendre l'extrémité du levier sous l'action du pas de vis de la tige.

Dans ce mouvement, le levier oscille autour de son pivot OO′, et fait également monter ou descendre les tiges T, T′ qui supportent les bouchons N. Ceux-ci glissent dans les noyaux F. Le champ de la course du levier inférieur et, par suite, des bouchons, est limité au moyen de deux petites plaques ou écrous U fixés sur le pas de vis de la tige D, au-dessus et au-dessous de l'extrémité M du levier.

En tournant le bouton B de droite à gauche, on fait monter les bouchons N; en tournant de gauche à droite, on les fait descendre.

On augmente ou l'on diminue ainsi à volonté la sensibilité de l'appareil, et le mouvement de la palette, en regard de la molette, est toujours invariable.

Ce système de Morse comporte encore deux modifications notables. L'une permet d'accélérer ou de ralentir à volonté le déroulement du rouage ; l'autre est une transformation complète de la molette.

Réglage du déroulement. — Dans ce système, les deux petits ressorts qui, dans les autres appareils, limitent l'écartement du régulateur, peuvent être déplacés de bas en haut.

A cet effet, ils sont fixés sur l'extrémité supérieure d'un petit tube pouvant glisser sur la partie lisse de l'arbre du volant.

En tournant de droite à gauche un bouton fixé derrière l'appareil, on force le petit tube à monter ; en tournant de gauche à droite, on le fait descendre. Dans ces mouvements, le tube déplace les ressorts du volant, l'amplitude des ailettes est modifiée et, par suite, leur action sur le déroulement du mouvement d'horlogerie est également modifiée.

Pour accélérer, on tourne le bouton à droite ; pour ralentir, on tourne à gauche.

Encrage. — La molette et le tampon sont supprimés dans ce nouvel appareil. Ils sont remplacés par un réservoir cylindrique composé de deux tubes juxtaposés, dont l'un est fixe, l'autre mobile sur leur axe commun.

A leur jonction, ces deux tubes sont terminés par des bagues, sorte de lèvres circulaires où l'encre, contenue dans l'intérieur du réservoir, vient suinter. En tournant, la lèvre mobile s'essuie sur un petit tampon en peau A (*fig.* 19) qui régularise le dépôt d'encre. Cette lèvre forme molette et marque les signaux sur la bande quand celle-ci est appliquée contre elle par la palette D.

En tournant une petite manette C située en avant du réservoir, on peut rapprocher plus ou moins les deux lèvres l'une de l'autre, comme les lames d'un *tire-ligne*.

C'est en les serrant complétement, ou en les desserrant, qu'on arrête l'appareil ou qu'on le fait dérouler.

INSTALLATION DES POSTES

La place occupée dans le circuit intérieur d'un poste par chacun des instruments se trouve naturellement indiquée par l'ordre même dans lequel ils ont été décrits.

Leur installation sur la *table de manipulation* doit satisfaire à cet ordre, tout en laissant *le plus de place possible* pour permettre à l'employé d'écrire commodément.

La figure 22 représente l'installation d'un poste à une seule ligne, avec un récepteur Morse. Les lignes blanches indiquent les fils de communication de la table qui peuvent être fixés dessus ou dessous, mais préférablement dessous pour éviter les *dérangements*.

Le fil de ligne, dès son entrée dans le poste, aboutit à l'un des montants d'un *para-*

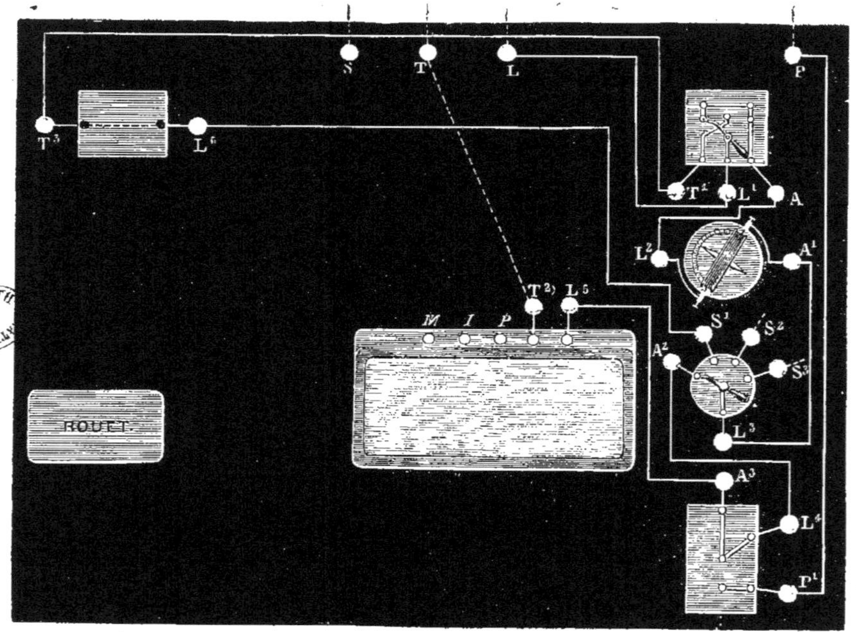

Fig. 22.

tonnerre à pointes. Ce même montant est relié, par un fil de cuivre, à une *borne* L fixée sur la table; l'autre montant communique avec la terre.

Si le paratonnerre à pointes est remplacé par un paratonnerre à *feuille de gutta-percha*, la ligne aboutit directement à la borne L, et communique avec ce premier paratonnerre par une *dérivation*.

La borne L est reliée métalliquement au *paratonnerre à bobine* par la borne L^1. Ce second paratonnerre est relié, par les bornes A et L^2, au *galvanomètre* préalablement *orienté*.

Celui-ci est relié, à son tour, par les bornes A^1 et L^3, au *commutateur*. Les quatre contacts de ce dernier sont reliés chacun à une borne fixée sur la table (A^2, S^1, S^2, S^3). Le premier contact communique, par A^2 et L^4, avec le *manipulateur*, et, enfin, une communication existe entre le manipulateur et le *récepteur*, par A^3 et L^5. Le second contact est relié à la sonnerie par S^1 et L^6.

La borne T sert à faire communiquer le récepteur, le paratonnerre à bobine et la sonnerie avec le fil de terre, auquel cette borne est reliée.

Le fil de la pile est amené à la table en P et, de là, au manipulateur par la borne P^1.

La borne S^2 permet de faire communiquer la ligne, par la borne S, avec une seconde sonnerie placée au dehors du poste. La quatrième borne S^3 peut être utilisée de la même façon (1).

En examinant cette figure 22, on peut voir que le courant de la ligne (après avoir traversé le paratonnerre à pointes) arrive d'abord à la borne L. De là, il traverse le paratonnerre à bobine en suivant le fil préservateur. Puis il entre dans le galvanomètre, dont il fait osciller l'aiguille, et se rend, en L^3, au commutateur. Si la manette de celui-ci est *sur sonnerie* (S^1), le courant de ligne se perd à la terre en faisant fonctionner la sonnerie.

Dès qu'on a placé la manette *sur appareil* (A^2), le courant se rend au manipulateur en L^4 et, par l'intermédiaire de la barre, il passe par

(1) Ces communications de sonneries sont utiles surtout dans les usines, pour relier la ligne à un ou plusieurs ateliers. Cela évite d'avoir un employé en permanence au poste télégraphique.

A^3 à la borne L^5 du récepteur. Il se perd à la terre par T^2 et, sous son influence, l'électro-aimant attire le levier : *on reçoit.*

La disposition des fils de la table de manipulation peut être toute différente de celle qui est présentée par la figure 22, mais les instruments doivent toujours occuper le même rang relativement à l'entrée et au parcours du fluide dans le poste ; c'est-à-dire que tout doit être disposé de façon que le courant traverse successivement, à partir de son arrivée sur la table : 1° *le paratonnerre* ; 2° *le galvanomètre* ; 3° *le commutateur* ; 4° *la sonnerie*. Dès qu'on s'est mis *sur appareil*, le courant doit traverser : 5° *le manipulateur*, et se rendre 6° *au récepteur*, puis *à la terre*.

Pour économiser le matériel de ligne, on monte souvent deux postes municipaux sur un même fil ; c'est-à-dire que la ligne se bifurque pour aboutir à deux localités différentes.

Dans ce cas, les deux postes municipaux étant installés comme l'indique la figure 23, il arrivera que, chaque fois que le bureau de l'Etat appellera l'un de ces deux postes, l'autre recevra. De même, si l'un des bureaux municipaux transmet au poste de l'Etat, le second recevra la transmission du premier.

Pour obvier à cet inconvénient, on emploie

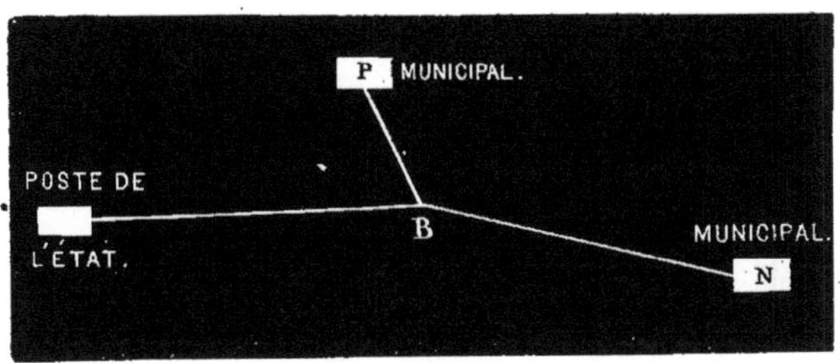

Fig. 23.

dans l'installation des deux bureaux municipaux un *rappel par inversion de courants.*

Rappel par inversion de courants. —C'est une palette mobile C (fig. 24) montée sur un barreau d'acier aimanté D (*aimant artificiel*) de telle sorte qu'elle peut osciller entre les deux extrémités A, B des noyaux d'un électro-aimant EE.

L'aimant artificiel et l'électro-aimant sont fixés sur un socle en bois, et deux vis de réglage I, P' servent à limiter le jeu de la palette C.

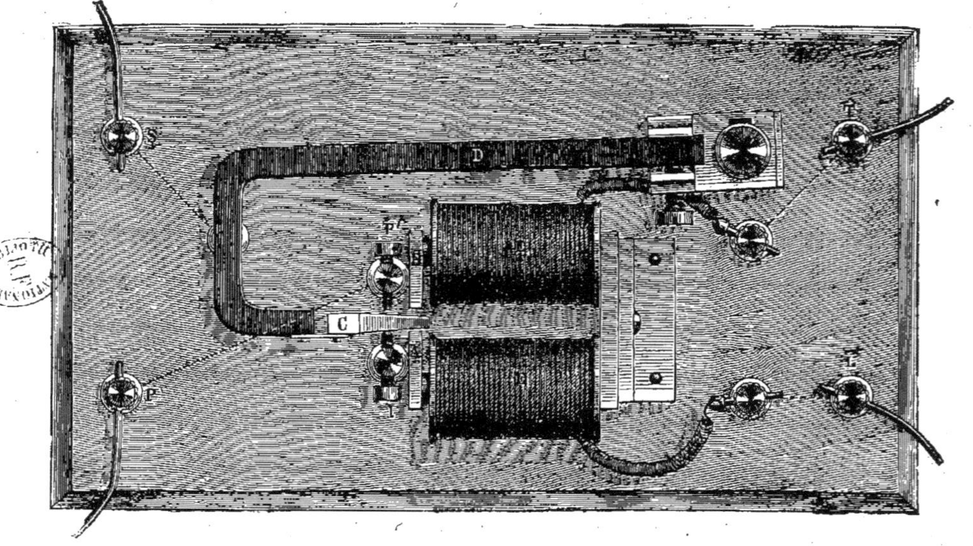

Fig. 24.

Cette palette étant fixée au bout de l'aimant par un ressort en acier, en devient elle-même l'extrémité. C'est comme si cet aimant était flexible par l'une de ses extrémités.

On sait que, lorsqu'on approche un aimant d'un morceau de fer, il l'attire. Ici, le morceau de fer, c'est l'un des noyaux de l'électro-aimant. La palette, étant placée entre les deux noyaux, tend à attirer celui qui est le plus près d'elle, A par exemple. Mais l'électro-aimant est fixe et la palette est mobile : c'est elle alors qui s'applique contre le noyau A.

La vis I doit empêcher la palette de toucher tout à fait ce noyau A, et c'est contre cette vis I qu'elle s'appuie.

Quand un courant électrique traverse un électro-aimant, il transforme l'ensemble des noyaux de cet électro-aimant en un véritable aimant, et cet effet dure tant que le courant passe.

Si l'on envoie un courant dans le *rappel par inversion*, il y a alors deux aimants en présence l'un de l'autre.

Voyons ce qui se passe.

On sait que l'aiguille d'une boussole est formée par une petite barre mince d'acier aimantée : c'est donc un *aimant*.

Or, elle tend toujours à tourner vers le Nord l'une de ses extrémités, et toujours la même. Eh bien ! tous les aimants font de même : quand ils sont suspendus librement, en équilibre, ils se placent toujours de façon à diriger la *même extrémité vers le Nord*. On nomme cette extrémité le *pôle austral* de l'aimant, et celle qui se tourne vers le Sud est nommée *pôle boréal*.

Le pôle boréal ou *nord* de la terre attire donc toujours le pôle austral ou *sud* de tous les aimants. Le pôle austral ou *sud* de la terre attire toujours le pôle boréal ou *nord* des aimants.

Si l'on place deux aimants en face l'un de l'autre, assez près pour que l'attraction ait lieu entre eux, les choses se passeront de la même façon : les pôles *de noms contraires s'attireront* ; ceux *de même nom se repousseront*.

Si la palette du *rappel par inversion* est le pôle nord de l'aimant, pour qu'elle reste collée sur le noyau A, il faut que le courant qui traversera les bobines, en aimantant les noyaux détermine un pôle sud en A et un pôle nord en B. Les deux pôles en contact étant alors de noms contraires continueront de s'attirer. Si le courant détermine un pôle nord à l'extrémité du noyau A, ce pôle étant de même nom que celui de la palette, il y aura répulsion, et la palette, étant mobile, ira chercher le pôle sud qui se trouvera formé à l'extrémité du noyau B.

Ce changement de pôles peut s'opérer de deux manières :

1° Avec un *même courant en changeant le sens* dans lequel il traverse les bobines de l'électro-aimant ;

2° En employant un *courant différent sans changer l'entrée et la sortie du courant* dans les bobines.

Premier cas. — Le poste qui transmet utilise le courant de sa pile par le pôle *cuivre* ou *positif*. Ce courant *positif*, venant de la ligne en L (*fig.* 24), traverse les bobines et en sort par la borne T pour se rendre à la terre. Sous son action, la palette du parleur quitte la vis I pour aller butter contre la vis P′. Pour que cet effet *n'ait pas lieu*, il faudra fixer la ligne à la borne T et la terre à la borne L : *la palette restera immobile.*

Second cas. — On ne veut pas intervertir ainsi la ligne et la terre. Pour que la palette ne joue pas sous l'action du courant, il faudra que le correspondant envoie le courant *négatif* de sa pile, c'est-à-dire qu'il fasse communiquer le pôle *cuivre* avec la terre et le pôle *zinc* avec le manipulateur.

Le fonctionnement de la palette sous l'influence du courant, selon *l'entrée dans les bobines* et selon *la nature* de ce courant, étant compris, l'installation du *rappel par inversion de courants* dans les deux postes municipaux d'une même ligne est tout indiquée.

Dans le premier poste P, par exemple (*fig.* 23), on fixera le fil de ligne en L (*fig.* 24), et la terre en T. Le *rappel* de ce poste fonctionnera seulement lorsque le bureau de l'Etat enverra le courant *positif.*

Dans le poste N (*fig.* 23), on fixera le fil de ligne en T (*fig.* 24) et la terre en L. Le *rappel* de ce poste fonctionnera seulement quand le bureau de l'Etat enverra son courant *négatif.*

De la sorte, un seul poste fonctionnera à la fois (1).

Le poste P enverra le courant de sa pile par le pôle positif. Il ne pourra pas être lu par le poste N. Celui-ci enverra son courant négatif, et le poste P ne pourra lire sa transmission.

Le bureau de l'Etat, n'ayant pas de *rappel par inversion*, percevra également les deux courants dans sa sonnerie et dans son récepteur.

Si l'employé du bureau municipal n'est pas continuellement près de l'appareil, le bruit que produit le rappel en fonctionnant ne serait

(1) Quand la distance de la bifurcation B aux deux postes P et N (*fig.* 23) est trop inégale, le courant trouve moins de résistance à son écoulement sur le poste le plus rapproché (P par exemple). Il se perd presque entièrement à la terre de ce poste. Ce qui parvient au second poste est trop faible pour faire fonctionner le rappel. Pour obvier à cet inconvénient, on ajoute à la ligne la moins longue une *bobine de résistance* semblable à celle des électro-aimants. Le fil fin enroulé sur cette bobine compense la différence entre les deux lignes, et le courant, trouvant une résistance égale, se partage également entre les deux instruments.

Cette bobine est comme une *vanne* qui ferme en partie l'issue du *conduit* le plus court et augmente *l'intensité d'écoulement* par le second canal.

pas toujours suffisant pour l'avertir ; une sonnerie est nécessaire : c'est le *rappel par inversion* qui la fait fonctionner.

A cet effet, l'aimant qui supporte la palette est relié métalliquement par la borne S (*fig.* 24) avec la sonnerie (1). La vis P' communique, soit avec une petite *pile locale,* soit avec le fil de pile du manipulateur, par l'intermédiaire de la borne P.

Quand la palette vient butter contre la vis P', elle *ferme le circuit* de la pile de la même façon que le manipulateur quand on transmet.

Le courant de cette pile passe alors par la palette, l'aimant, la borne S, et va chercher la terre par la sonnerie qu'il fait vibrer.

Cet effet a lieu chaque fois que la palette est mue par le courant de ligne.

La figure 24 représente le modèle de *rappel par inversion* le plus employé jusqu'à présent.

Le réglage de cet instrument, opéré par le constructeur ou le contrôleur avant la mise en service, exige une certaine habitude pour être

(1) On obtient cette communication métallique au moyen d'un *commutateur* qui permet également de la supprimer à volonté.

convenablement fait. Aussi faut-il s'abstenir d'y toucher.

Cependant l'intensité des courants qui doivent le faire fonctionner peut varier accidentellement. Cette difficulté de réglage est donc regrettable.

Pour y remédier, l'Administration vient

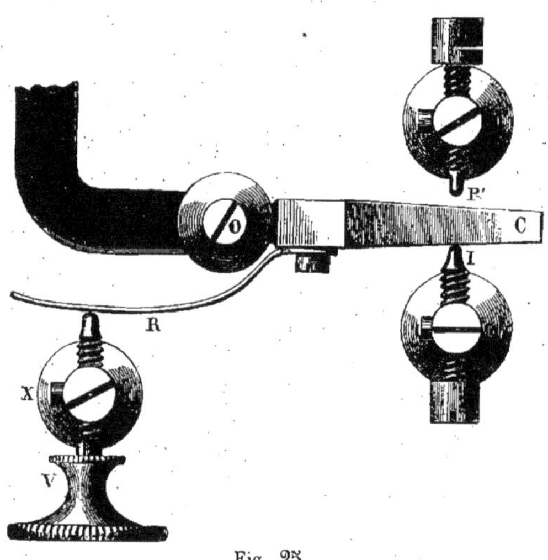

Fig. 25.

d'adopter une modification du *rappel par inversion* qui permet d'augmenter ou de diminuer la sensibilité de cet appareil selon la force du courant venant de la ligne.

Dans le nouveau modèle, la palette C, au lieu d'être reliée à l'aimant par un ressort, est montée sur un pivot en acier O (*fig.* 25), faisant corps avec l'aimant.

Un ressort-lame R, courbé en forme de S très-allongé, est vissé sur la palette, près du pivot, au même endroit que le ressort de l'ancien modèle.

L'extrémité libre de ce ressort vient s'appuyer contre la pointe d'une vis de réglage V, montée sur un pied en cuivre, lequel est solidement fixé sur le socle de l'instrument.

En serrant la vis V, on tend le ressort R et on applique, par suite, plus fortement la palette contre la vis-contact I.

En desserrant la vis V, on détend le ressort R, et la palette adhère avec moins de force contre la vis I.

De la sorte, on peut augmenter ou diminuer à volonté la résistance que la palette oppose à l'action de l'électro-aimant EE quand le courant passe.

On peut même rendre cette résistance presque nulle en détendant complétement le

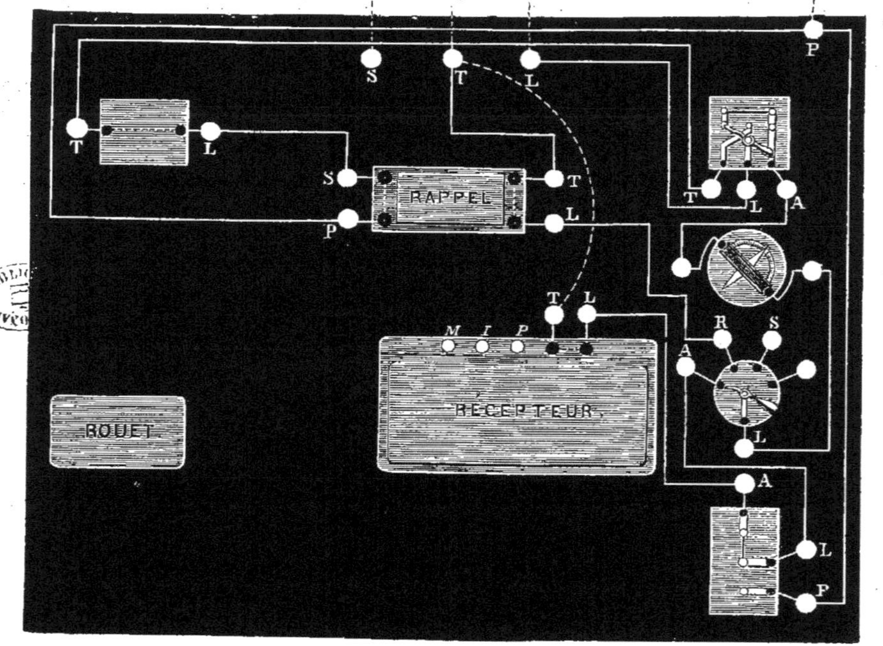

Fig. 26.

ressort, si le courant devient excessivement faible.

Une fois le réglage convenablement obtenu, une contre-vis X permet de maintenir invariable le serrage de la vis V.

La figure 26 indique l'installation d'un poste monté avec *rappel par inversion de courants* (1).

Commutateur inverseur. — Le *commutateur de pile* au moyen duquel le poste de l'Etat change de courant est un *commutateur inverseur* (*fig.* 27).

Deux manettes jumelles A, B sont solidaires l'une de l'autre au moyen d'une attache ou branche D isolante qui sert à les manœuvrer. Elles communiquent, l'une A, avec le manipulateur; l'autre B, avec la terre. Les deux

(1) Lorsque le courant vient de la ligne, il entre dans chaque instrument par la borne L, et il en sort par la borne A, allant vers l'appareil et la terre. Le courant de départ suit le même chemin en sens contraire, du manipulateur à la ligne.

La lettre T désigne les communications avec la *terre*.
— P — — — la *pile*.
— R — — — le *rappel*.
— S — — — la *sonnerie*.

pôles de la pile sont reliés chacun à l'un des boutons C et Z. Le bouton Z communique, sous le socle, avec le contact N ; le bouton C avec les deux contacts P et P' qui sont reliés l'un à l'autre sous le socle.

Quand la manette A est amenée sur le con-

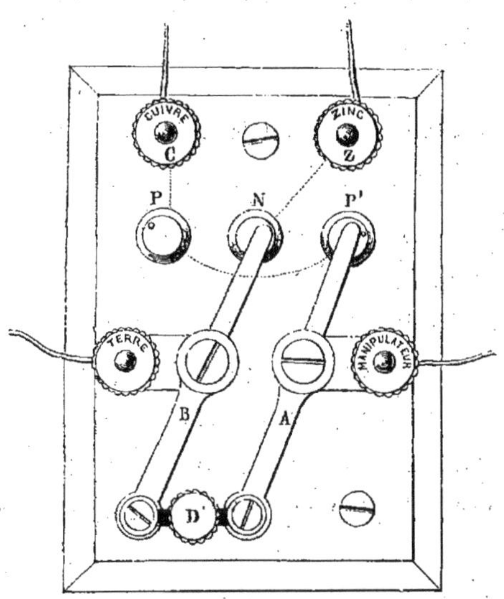

Fig. 27.

tact P', la manette B se trouve placée sur le contact N. Le pôle cuivre ou *positif* aboutit alors au *manipulateur* et le pôle zinc ou *négatif* communique à la *terre*.

Si les manettes sont poussées dans le sens opposé, le pôle *négatif* est relié, au contraire, avec le *manipulateur*, et le pôle *positif* communique avec la *terre*.

Le manipulateur peut ainsi, à la volonté de l'employé, envoyer sur la ligne le courant positif ou le courant négatif.

TRANSLATION

RELAIS. — Nous avons vu comment on utilise la palette du rappel par inversion pour faire fonctionner la sonnerie en substituant le courant du poste municipal à celui qui vient de la ligne.

Cette substitution d'un courant à un autre s'emploie aussi lorsque la distance entre deux postes correspondants est trop grande ou lorsqu'un troisième est placé sur le même fil entre les deux premiers.

Ce cas se présente rarement pour les bureaux municipaux ; nous n'en parlerons qu'à titre de simple renseignement.

Chaque poste extrême dispose d'un courant suffisant pour faire fonctionner les appareils du poste intermédiaire, mais trop faible pour parvenir *efficacement* à l'autre extrémité de la ligne.

Ce courant est remplacé, *relayé* par celui du poste intermédiaire, au moyen d'un appareil spécial nommé *relais,* ou des deux récepteurs destinés à recevoir les transmissions des deux postes extrêmes.

Ces deux appareils sont, dans ce cas, montés en *translation.*

Communications. — Le levier de chaque récepteur est relié (1), au moyen de commutateurs, avec la ligne desservie par l'autre appareil. De plus, la pile de chaque manipulateur aboutit à la vis-contact (2) qui sert de butoir inférieur au levier du récepteur de l'autre ligne.

De sorte que, chaque fois que le levier d'un

(1) Par le massif et la borne M de l'appareil.

(2) P' (*fig.* 1, 2 et 17).

appareil est mû par le courant de son correspondant, ce levier, en s'abaissant, établit la communication entre l'autre ligne, à laquelle il est relié, et la pile qui dessert cette autre ligne. Ce nouveau courant va reproduire la transmission du premier correspondant sur la bande du second.

Réglage. — Le *réglage* des récepteurs, montés en *translation,* doit répondre à deux objets :

1° Permettre à la palette de marquer nettement la transmission sur la bande ;

2° Faire en sorte que cette palette, en appuyant trop sur la molette, n'empêche pas le contact parfait du levier avec la vis-contact inférieure reliée à la pile.

Pour cela, il suffit que le tampon soit toujours bien encré et que la vis de réglage de la palette soit desserrée tout *juste assez* pour déterminer le frottement de la molette contre la bande.

Transmission. — Si minime que soit le temps employé par le levier à parcourir l'espace entre les deux vis-contacts I, P', on comprend qu'il doit raccourcir d'autant la longueur des traits et des points transmis.

Dans une transmission en relais, les signaux ayant à subir deux fois ce raccourcissement, leur diminution devient sensible au poste d'arrivée, surtout pour les points. Il faut donc que l'employé qui transmet appuie sur les points un peu plus longtemps que lorsqu'il transmet directement.

Cet allongement des points doit d'ailleurs être pris sur leurs séparations, et ne doit pas augmenter la longueur totale de la transmission.

La figure 28 représente les communications d'un poste avec deux lignes montées en relais (1).

(1) **Montage d'un poste pour deux lignes en translation.**

1° Communication en translation ou relais (*) :
Manettes des deux commutateurs sur contacts 1.

2° Communication directe ou métallique :
Manettes des deux commutateurs sur contacts 2.

3° Les deux lignes sur récepteur :
Manettes des deux commutateurs sur contacts 3.

4° Les deux lignes sur sonnerie :
Manettes des deux commutateurs sur contacts 4.

(*) La figure 28 représente cette communication.

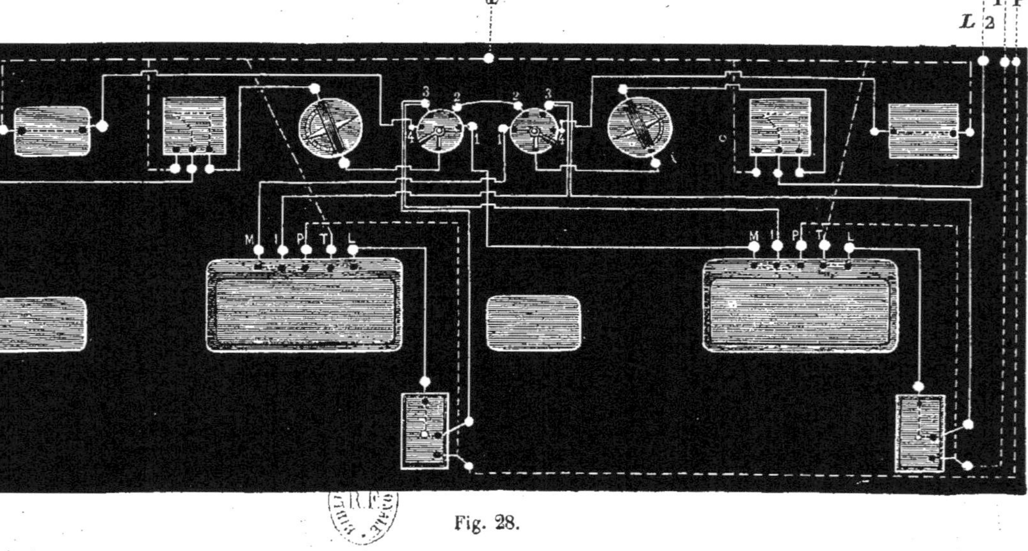

Fig. 28.

Fils de ligne : ——— Fils de terre : — · — · — Fils de pile : - - - - -

Ces sortes d'installations permettent toujours la communication ordinaire du poste intermédiaire avec chacune des deux lignes qui y aboutissent, ainsi que la *communication directe métallique* entre ces deux lignes.

Installation d'un poste avec parleur. — Quand la distance entre les deux postes extrêmes est courte, le poste intermédiaire peut n'être pas monté *en relais*.

Dans ce cas, l'employé établit la communication entre ses deux correspondants au moyen d'un *parleur* (1), ce qui lui permet de suivre leurs transmissions *au son*.

Alors un seul récepteur lui suffit.

Cette installation est indiquée par la figure 29.

Si le poste intermédiaire opère le *dépôt* des dépêches de chacun de ses correspondants pour

(1) Le *parleur* est tout simplement une palette analogue à celle du *rappel par inversion de courants*, mue soit par un *électro-aimant* semblable à celui du récepteur, soit par un *électro-aimant* et un *aimant*, comme dans le rappel par inversion. Dans le premier cas, il fonctionne comme le récepteur; dans le second cas, comme le rappel par inversion.

Son nom indique qu'il sert à lire au son.

La figure 29 indique le montage du poste télégraphique intermédiaire avec un **parleur**. Pour obtenir la figure des communications *sans parleur*, il suffit de couvrir avec un morceau de papier le *parleur*, son *galvanomètre* et son commutateur, ainsi que le fil allant de P^1 à P^2 et le fil du commutateur 3.

Différentes communications d'un poste intermédiaire sans relais (*positions des manettes*).

1° Ligne 1 sur récepteur. — Ligne 2 sur sonnerie :

Manette du commutateur 1 sur contact A^1.
— — 2 — S^2.
— — 3 inutile (1).

2° Ligne 2 sur récepteur. — Ligne 1 sur sonnerie :

Manette 1 sur contact S^1.
— 2 — A^2.
— 3 inutile (1).

3° Ligne 1 sur récepteur. — Ligne 2 sur parleur :

Manette 1 sur contact A^1.
— 2 — P^2.
— 3 — T^1.

4° Ligne 2 sur récepteur. — Ligne 1 sur parleur :

Manette 1 sur contact P^1.
— 2 — A^2.
— 3 — T^1.

5° Ligne 1 et ligne 2 en communication directe par l'intermédiaire du parleur (2) :

Manette 1 sur contact P^3.	Ou bien :	Manette 1 sur contact P^1.
— 2 — P^2.		— 2 — P^4.
— 3 — P^5.		— 3 — P^5.

6° Lignes 1 et 2 en communication directe MÉTALLIQUE :

Manette 1 sur contact P^3.
— 2 — P^4.
— 3 inutile (1).

7° Lignes 1 et 2 sur sonneries :

Manette 1 sur contact S^1.
— 2 — S^2.
— 3 inutile (1).

(1) Quand la manette 3 est *inutilisée*, avoir bien soin de ne pas la laisser sur contact T^1, c'est-à-dire en communication avec la *terre*.

(2) Ces deux manières de placer les communications sont indifférentes, si le parleur est à électro-aimant ordinaire.

Si l'électro-aimant du parleur comporte un aimant, comme le rappel par inversion, on emploie l'une ou l'autre manière, selon le *sens* des courants *émis* par les deux lignes 1 et 2, qui doivent alors être de *pôles contraires*.

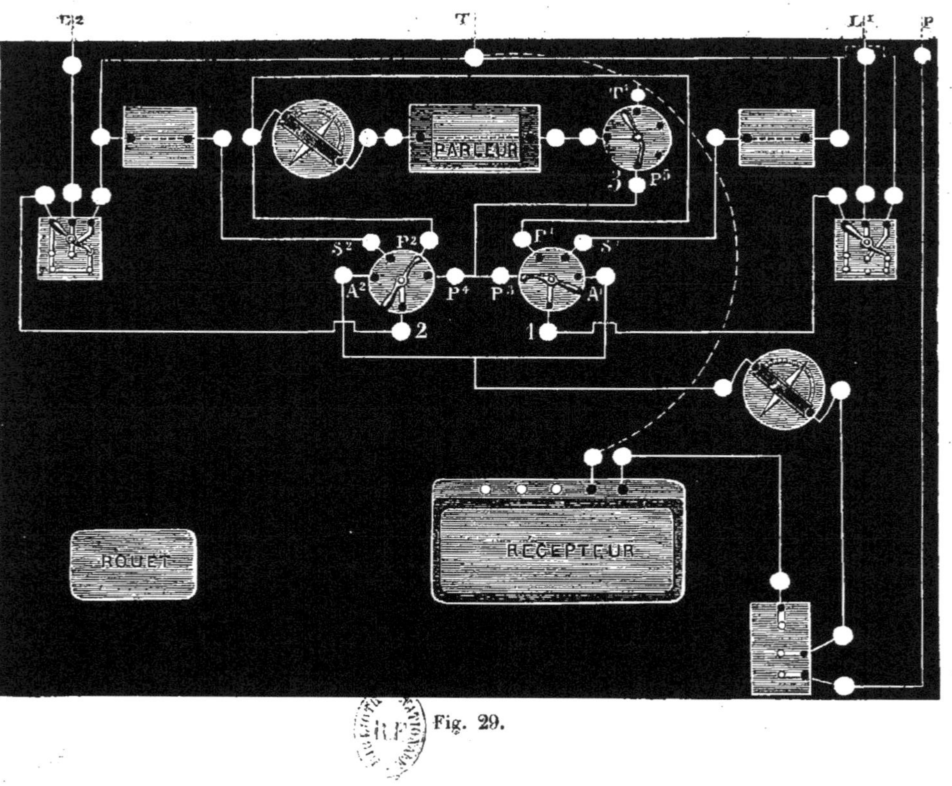

Fig. 29.

l'autre, ou s'il leur donne la communication directe *métallique,* il peut également n'avoir qu'un seul appareil. Pendant qu'il est occupé sur une ligne, il met l'autre *sur sonnerie.*

Le parleur est alors inutile.

La figure 29 indique aussi cette installation : on l'obtient en supprimant le parleur et ses communications.

Lorsque le poste est monté *sans parleur,* ou lorsque le parleur ne doit servir qu'à deux lignes, les galvanomètres sont placés immédiatement après les paratonnerres, comme il a été dit page 37.

Installation d'un poste avec Morse et cadran. — Dans le cas où l'une des deux lignes est desservie par un appareil à cadran et la seconde par un Morse l'installation est conforme à la figure 30.

Poste monté pour deux lignes avec Morse et cadran.

1° LIGNE 1 SUR MORSE. — LIGNE 2 SUR CADRAN (*) :

Manette du commutateur 1 sur contact M[1].
— — 2 — C[2].

2° LIGNE 1 SUR CADRAN. — LIGNE 2 SUR MORSE :

Manette 1 sur contact C[1].
— 2 — M[2].

3° LES DEUX LIGNES EN COMMUNICATION DIRECTE :

Manette 1 sur contact D[1].
— 2 — D[2].

4° LES DEUX LIGNES SUR SONNERIES :

Manette 1 sur contact S[1].
— 2 — S[2].

(*) Communication représentée par la figure 30.

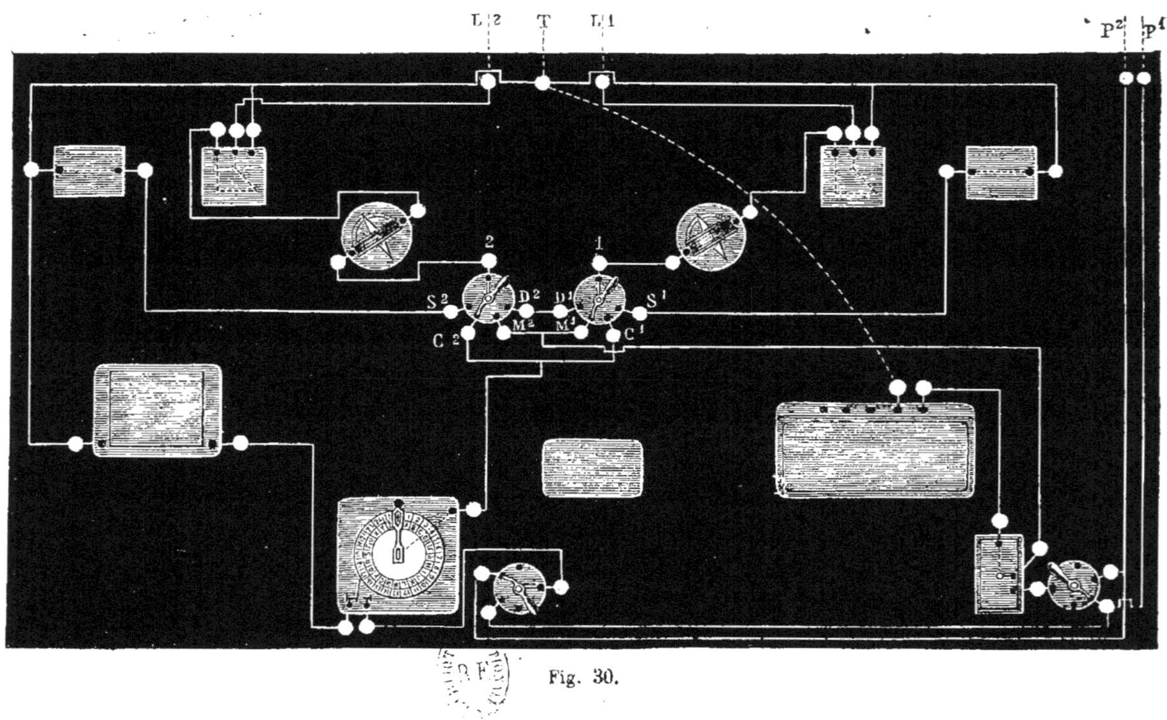

Fig. 30.

DÉRANGEMENTS

Différentes avaries peuvent se produire, soit dans le récepteur, soit dans les conducteurs du poste, soit sur la ligne ou chez le correspondant.

Ces *dérangements* se divisent naturellement en deux sortes :

Dérangements *mécaniques* ou *de réglage;*

Dérangements *électriques* ou *de communication.*

Ils se traduisent par différents résultats, dont les principaux sont les suivants :

1° *On reçoit* du correspondant, mais *celui-ci ne reçoit pas.*

2° On reçoit des *contacts* plus ou moins prolongés et sans suite, et *on ignore si le correspondant reçoit.*

3° *On ne reçoit rien.*

DÉRANGEMENTS MÉCANIQUES

Dérangements du récepteur. — Les dérangements *mécaniques* du récepteur influent sur les deux principales fonctions de cet instrument : *le déroulement du papier, — l'impression des signaux.*

I. *L'appareil ne déroule pas.*

II. *Le papier avance mal.*

III. *L'impression est défectueuse.*

Voici les différentes causes qui peuvent produire ces trois sortes de dérangements.

I. L'appareil ne déroule pas.

1° L'appareil n'est pas remonté.

2° Le dévidoir (*fig.* 1) se *grippe* sur son axe et arrête l'appareil en tendant le papier du rouleau, dont le centre est serré sur le cylindre de bois.

3° La bande, trop large, est retenue dans la

fourche E (comme dans le cas précédent, cet effet ne se produit que si les cylindres R et *r* serrent suffisamment la bande).

4° Les cylindres R et *r* sont trop serrés l'un contre l'autre par la vis V (le petit cylindre fait, dans ce cas, l'effet d'un *frein*).

5° Le manque d'huile aux pivots d'un ou de plusieurs axes détermine le *grippement* de ces axes (généralement, on entend un grincement quand l'appareil ne s'arrête pas complétement).

6° La palette appuie trop fortement contre la molette et arrête l'appareil à chaque trait en faisant également *frein*.

II. Le papier avance mal.

1° La bande est arrêtée par le ressort de la fourche E (*fig.* 1) et glisse entre les cylindres R et *r* qui ne la serrent pas assez.

2° La palette, un peu trop détendue, arrête à chaque trait le papier sans empêcher l'appareil de dérouler, les cylindres R et *r* ne pinçant pas assez la bande.

3° Le rouleau de papier, trop évidé au centre et déformé, est plus lourd d'un côté que de l'autre : il y a frottement du papier contre le galet de bois du dévidoir. Quand le rouleau retombe brusquement, la bande se relève sur la palette et frotte contre la molette.

4° Le guide *g* est composé de deux cylindres en cuivre mobiles sur un même axe. La bande doit glisser entre leurs bords intérieurs. S'ils sont trop rapprochés, la bande ne peut y entrer et tend à sortir d'entre la molette et la palette. S'ils sont trop écartés, elle avance de travers et l'impression des signaux est ondulée.

III. Impression défectueuse.

1° Il n'y a pas d'encre sur le tampon.

2° Le tampon est encroûté et l'encre glisse, s'amasse sur la molette : quand on vient d'encrer, il y a trop d'encre ; peu après, il n'y en a plus. Quand l'appareil est arrêté, une goutte se dépose sur la bande et produit une tache à chaque tour de cylindre.

3° Le tampon, encrassé à l'extérieur, ne tourne pas et n'encre plus la molette.

4° La molette, encrassée, salit la bande.

5° Le papier du rouleau est *gondolé* et touche la molette entre les signaux.

6° Le levier n'a pas assez de jeu : la vis I est trop serrée.

L'énumération des causes de dérangements mentionnées ci-dessus indique en général ce qu'il y a à faire pour y remédier.

Premier cas :

1° Remonter l'appareil.

2° Frotter légèrement d'huile l'axe du dévidoir ; desserrer l'écrou s'il a été changé d'appareil et s'il frotte trop.

3° Changer de rouleau ou ne pas faire passer la bande dans la fourche E (*fig.* 1).

4° Desserrer la vis V. On reconnaît que cette vis est trop serrée lorsque, après avoir relevé le petit cylindre *r* avec le levier M, et lâchant ce dernier, on voit le cylindre retomber sous l'action du ressort.

5° Mettre une goutte d'huile aux pivots. Cet

effet se produit surtout lorsque le grippement a lieu aux axes des deux cylindres entraîneurs. On le constate en relevant le petit cylindre : le grincement cesse alors et recommence dès qu'on le fait retomber.

6° Serrer légèrement la vis de réglage A (*fig.* 1, 2 et 17).

Deuxième cas :

1° Serrer davantage les cylindres R et *r* et sortir la bande de la fourche E (ou changer de rouleau).

2° Serrer légèrement la vis de réglage des cylindres et la vis de réglage de la palette.

3° Changer de rouleau et retirer le moins possible de papier au centre du rouleau. S'il y a deux cylindres de bois, pincer entre eux l'extrémité intérieure de la bande et, avant de l'engager dans les cylindres entraîneurs, serrer le rouleau en tournant le dévidoir à la main et en tirant sur l'extrémité de la bande. (Le papier ne doit pas être libre sur le dévidoir, celui-ci doit tourner avec lui. Veiller à ce que le dévidoir tourne toujours très-facilement.)

4° Ecarter ou rapprocher les deux cylindres du guide *g*, selon le cas.

Troisième cas :

1° Mettre de l'encre.

2° et 3° Nettoyer le tampon : le gratter avec une allumette ou un papier roulé pendant que l'appareil déroule ; ou bien le retirer et le nettoyer avec de l'essence.

4° Oter le tampon et frotter légèrement la molette devant et derrière avec du papier pendant que l'appareil déroule.

5° Changer de rouleau (cet effet se produit surtout vers la fin du rouleau).

6° Desserrer légèrement la vis I.

DÉRANGEMENTS DU MANIPULATEUR. — Les dérangements du manipulateur sont :

1° *Les contacts sales.*

2° *Les vis* G *ou* D (*fig.* 3) *trop desserrées.*

3° *La vis* R *trop serrée* (la barre n'a pas assez de jeu entre les contacts).

Dans le premier cas, les signaux manquent chez le correspondant ou bien il se plaint que *les traits sont coupés.*

Dans les deux autres cas, le correspondant se plaint qu'il se produit des *contacts* entre les signaux, ou que les signaux *collent*. Cela vient de ce qu'il s'établit par instants une communication avec la pile dans les intervalles de la transmission.

Il faut nettoyer les contacts en passant entre eux une feuille de papier ordinaire, ou mieux une feuille de papier émeri très-fin plié pour nettoyer les deux contacts à la fois.

Si le manipulateur est *trop dur*, il faut desserrer les vis G et D, et, pour les manipulateurs à ressort-lame sous la barre, tenir bien propres et *sans huile* les parois de la barre et l'intérieur du massif.

Avec le manipulateur nouveau modèle, un trop fort serrage des vis G et D peut produire non-seulement une grande dureté de manipulation, mais aussi un dérangement particulier qui se traduit par un *isolement fréquent du récepteur*.

Le ressort antagoniste à boudin peut se détendre à la longue, et si, en même temps, les vis-pivots serrent trop la barre, celle-ci n'est plus suffisamment abaissée par le ressort. Il n'y a plus, au repos, adhérence entre la vis R et le contact platiné du socle. Par suite, le récepteur se trouve isolé à chaque instant, quoique le correspondant reçoive bien ce qu'on lui transmet.

Pour remédier à ce dérangement, il n'y a qu'à desserrer la vis G et, si cela est possible, à changer le ressort.

DÉRANGEMENTS ÉLECTRIQUES

Pour les dérangements *électriques*, les bureaux municipaux possèdent l'indication de la marche à suivre, dans l'*instruction* à leur usage publiée par l'Administration, en juillet 1873 (*série* 507).

Cependant quelques indications sont ici nécessaires pour les bureaux spéciaux qui n'ont pas cette *instruction* à leur disposition.

Lorsqu'une perturbation quelconque survient dans le service et qu'on a bien constaté qu'elle n'est pas le résultat d'une des avaries indiquées dans le précédent chapitre, c'est qu'on a affaire à un dérangement électrique ou de communication.

Le galvanomètre et le récepteur fournissent la plus grande partie des indications qui servent à déterminer la nature des dérangements.

On doit s'assurer tout d'abord si le dérangement est *extérieur* ou *intérieur* en *séparant* le poste de la ligne.

Pour cela on détache le fil extérieur de ligne du paratonnerre à pointes, quand il y en a un. Si le paratonnerre d'entrée est à feuille de gutta-percha ou de mica, ou bien s'il n'y en a pas, on détache la ligne de la borne L (*fig.* 22).

Ensuite on fixe l'extrémité dénudée d'un fil de cuivre recouvert (*fil d'essai*) au bouton L ou à la borne, devenue libre, du paratonnerre à pointes, selon le cas. Avec l'autre extrémité de ce fil d'essai suffisamment long, on *tâte* le fil de la pile.

Si l'appareil reproduit les contacts qu'on détermine ainsi, le poste est bon : **le dérangement est sur la ligne.**

Si, en touchant la pile avec le fil d'essai, on

ne peut faire jouer le levier du récepteur, **le dérangement est dans le poste.**

Avant tout, on doit serrer toutes les vis et tous les boutons de communication ; vérifier si les lames ou les chevilles des différents commutateurs sont bien placées.

On vérifie également si aucun objet métallique ne pose sur les fils de la table de manipulation : de fausses communications peuvent être établies par un porte-plume, une plume ou des lunettes métalliques, des pinces, des ciseaux, un couteau, une clef, une aiguille, *le galon d'argent* d'une casquette, etc.

DÉRANGEMENTS ÉLECTRIQUES DU RÉCEPTEUR. — Les dérangements électriques du récepteur ont pour résultat d'empêcher le courant de traverser les bobines de l'électro-aimant. Cet effet peut être produit :

1° Par la rupture d'un fil de communication sous le socle ; 2° par la rupture d'un fil de la table (*terre* ou *ligne*) ; 3° par la sortie de ces fils de leurs bornes respectives ; 4° par la rupture du fil de l'électro-aimant ou sa sortie de l'une de ses deux bornes ; 5° enfin, par une communication métallique entre ces deux dernières bornes ou entre les bornes de ligne et de terre du récepteur. Dans ce cas, l'aiguille dévie très-bien *lorsqu'en appuyant sur le bouton du manipulateur* on touche l'une ou l'autre borne avec l'extrémité libre du fil d'essai fixé en L (*fig.* 22), mais le levier *ne fonctionne pas*.

Dans les autres cas, le courant fait dévier l'aiguille seulement lorsqu'on touche la *borne* T et l'aiguille reste immobile en touchant la *borne* L du *récepteur*.

Cependant, si c'est le *fil de terre* qui est rompu sous la table, l'aiguille ne dévie pas non plus lorsqu'on touche la borne T avec le fil d'essai.

Dérangements du paratonnerre à bobine. — C'est dans le paratonnerre à bobine et à fil préservateur que les dérangements se produisent le plus fréquemment. Ils consistent en un *isolement* ou une *perte à la terre*.

Dans le premier cas, en mettant le manipulateur au contact, on ne constate aucune déviation de l'aiguille du galvanomètre : le courant ne passe pas. Dans le second cas, l'aiguille *renverse*.

Pour vérifier la bobine du paratonnerre, il est préférable de ne pas la sortir de l'instrument, parce que l'habitude d'enlever la bobine donne très-facilement celle de ne pas la remettre en place. C'est pour cette raison que l'Administration a récemment mis à l'essai des *préservateurs* dépourvus de la communication métallique directe et avec lesquels on ne peut se passer de bobine

Lorsque la brûlure du fil préservateur a eu pour résultat d'établir une communication avec la terre, l'aiguille oscille brusquement et *renverse*. On isole la lame V (*fig.* 11), on sort le fil de la borne R, et on le réunit au fil de la borne L : la déviation doit alors être *normale*. Si l'aiguille continue de renverser, la communication à la terre est *au delà* du paratonnerre.

Si, le fil de bobine étant brûlé, il y a isolement, en plaçant la manette V du paratonnerre sur le contact S (*fig.* 11), le courant passe par la communication métallique directe, et l'aiguille, qui était immobile, dévie.

En cas d'isolement, on s'assure également que la bobine est bonne en laissant la manette sur le contact U (*sur paratonnerre*), et en établissant une communication métallique entre la borne L et la borne T' : si l'aiguille, qui ne déviait pas, *renverse,* c'est que le courant passe bien à travers le fil de la bobine, mais que la ligne est isolée *au delà* du paratonnerre.

Le tableau suivant indique les principales causes de dérangements électriques :

PREMIER CAS **On reçoit du correspondant, qui ne reçoit pas et appelle continuellement.**	A. Le galvanomètre *dévie* dans un sens quand on reçoit, et dans l'autre lorsqu'on transmet.	**Le dérangement n'est pas dans le poste.**	
	B. La boussole *ne dévie pas* quand on appuie sur le manipulateur : On réunit métalliquement le bouton L^4 (*fig.* 22) au bouton A^3 et l'on transmet ; deux cas peuvent se présenter :		
	1° *L'appareil fonctionne*	C'est le correspondant qui *n'a pas* de communication à la *terre* par son récepteur.	
	2° *L'appareil ne fonctionne pas*.	**La pile manque**. . . . . Causes probables.	1° Le contact O (*fig.* 3) sale. Un corps étranger, du papier, par exemple, interposé entre la pointe et le contact. 2° Le fil de pile détaché du bouton P du manipulateur (*fig.* 3) ou rompu sur la table entre la borne P et la borne P' (*fig.* 22). 3° Le circuit rompu dans la pile même, soit par un vase *cassé* et vide, soit par une lame rompue ou par un fil détaché ou rompu.
DEUXIÈME CAS **On reçoit des contacts plus ou moins prolongés et on ignore si le correspondant reçoit.**	*Si le contact est permanent :* A. Le galvanomètre indique une ***déviation constante***, et, lorsqu'on détache le fil extérieur de ligne du paratonnerre à pointes ou de la borne L (*fig.* 23) :		
	1° *Le contact disparaît*.	**Un courant permanent vient de la ligne.**	
	2° *Le contact ne disparaît pas*.	Il y a communication, **dans le poste**, du fil de pile avec un conducteur, *entre le galvanomètre et l'entrée* de la ligne dans le poste.	
	B. Le galvanomètre ne dévie pas.	1° Il y a communication entre le fil de *pile* et le fil qui relie le manipulateur au récepteur. 2° La *vis* R (*fig.* 3) du manipulateur est *trop serrée*.	
	C. **Dérangements mécaniques** ou de réglage	. . . .	1° Le ***ressort à boudin*** du levier, ***pas assez tendu***, ne maintient pas, au repos, la palette baissée. 3° Le ***ressort à boudin***, trop ***allongé***, n'a plus d'action sur la palette, qui se relève. 3° Le ***ressort à boudin*** est *décroché* : le levier, plus lourd que la palette, bascule. 4° La ***soie*** qui sert à tendre le ressort est ***rompue*** : le même effet se produit. 5° La *vis* I (*fig.* 1), *trop serrée*, tient le levier trop bas, et la palette appuie constamment le papier contre la mollette.
	Si les contacts ont lieu à des intervalles réguliers.	Le dérangement est sur la ligne.	
TROISIÈME CAS **On ne reçoit rien.**	A. La ligne détachée à l'entrée du poste et remplacée par le fil d'essai, dont l'autre extrémité sert à toucher le fil de pile, l'*appareil fonctionne*.	**Dérangement sur la ligne :**	
	En rétablissant le fil de ligne et en envoyant le courant : 1° Le galvanomètre ***ne dévie pas***.	**La ligne est rompue, isolée.** Dans ce cas, *lorsqu'on cesse d'envoyer le courant*, si le ressort à boudin n'est pas trop tendu, *le levier marque un point ;* il y a *courant de retour*. Cet effet ne se produit pas quand l'isolement est dans le poste.	
	2° Le galvanomètre *dévie*.	**La ligne est à la terre :** Il y a *perte à la terre*. Dans ce cas, la déviation est plus forte qu'à l'état normal. Si la perte est complète, l'*aiguille renverse*.	
	B. En attachant le fil d'essai à la place du fil de ligne, *on ne peut faire fonctionner le récepteur* en touchant la pile.	**Dérangement dans le poste**	Le fil d'essai fixé par un bout dénudé au *bouton de pile* du manipulateur, on touche, avec l'autre bout dénudé, successivement chaque bouton ou borne de communication de la table. On procède à cette recherche en partant du bouton L (*fig.* 22) et en suivant tout le circuit de la table jusqu'au récepteur. S'il y a ***isolement***, le dérangement est situé entre le point où l'on commence à faire fonctionner le récepteur et le dernier point touché sans le faire fonctionner. S'il y a communication à la *terre*, le récepteur ne fonctionne dans aucun cas ; il faut donc en même temps *examiner le galvanomètre*.

Vérification des paratonnerres.

Les dérangements sont produits le plus souvent par les orages.

Dès qu'on reçoit dans la sonnerie ou dans le récepteur des contacts produits par l'orage, on doit *mettre à la terre,* soit par le paratonnerre à bobine, soit par le commutateur, selon l'installation. On prévient d'abord le correspondant.

Quand l'orage est passé, on *rentre* dans le circuit et l'on vérifie les paratonnerres qui peuvent avoir été foudroyés.

Dans le préservateur à bobine, c'est le fil de fer fin qui a été brûlé. Dès qu'on a constaté le fait de la façon indiquée plus haut, on retire la bobine brûlée que l'on remplace par une autre préalablement vérifiée. *On doit toujours avoir une bobine de rechange en bon état.*

Dans le paratonnerre à papier ou à feuille de mica ou de gutta, cette feuille est perforée par la foudre, et les deux plaques de cuivre, ligne et terre, communiquent (B et D, *fig.* 15; B et I, *fig.* 16). On sépare les deux plaques en les dévissant, et l'on remplace la feuille trouée par une autre qu'on essaye.

Si l'on n'a pas de feuille de mica ou de gutta disponible, une feuille de papier suiffé peut très-bien suffire.

Quand c'est le paratonnerre à pointes qui a été foudroyé, une ou plusieurs pointes ayant été fondues, le métal forme une petite boule qui remplit l'intervalle entre les pointes et la plaque opposée. Ces petites boules métalliques établissent la communication entre la ligne et la terre.

Il faut remplacer les pointes fondues ou, si on ne le peut, les desserrer pour empêcher le contact. On règle le serrage des pointes en glissant une feuille de papier fort entre elles et la plaque opposée, et l'on serre les vis jusqu'à ce que les pointes touchent seulement le papier. La feuille de papier retirée, l'intervalle laissé par son épaisseur suffit à isoler les pointes des plaques.

La communication avec la terre peut fortuitement manquer en dehors du poste, là même où plonge le fil de terre. Il n'est pas toujours facile de trouver à proximité un cours d'eau ou un puits pour y plonger la plaque qui doit terminer le fil de terre. On utilise quelquefois une source qui peut se tarir ou une citerne qui peut se vider. De même, dans un puits ou un cours d'eau, la *plaque de terre* peut se trouver à sec par l'abaissement du niveau de l'eau.

La nature même d'un incident de ce genre indique ce qu'il y a à faire pour y remédier : le fil de terre doit *toujours* être en communication métallique et humide avec le *sol*.

C'est d'ailleurs, par un entretien soigneux de la table de manipulation et des instruments qui la garnissent, qu'on évitera un grand nombre de causes minimes de dérangement.

La première précaution à prendre chaque matin à l'ouverture est de vérifier et de serrer toutes les vis et tous les boutons de communication ; de nettoyer tous les contacts du manipulateur, des commutateurs, du paratonnerre à bobine, etc..

Il faut également vérifier si les lames des commutateurs ronds ou des préservateurs à bobine n'ont pas été dérangées pendant qu'on époussetait ou qu'on essuyait la table et les instruments le matin. C'est souvent la cause des isolements que l'on constate à l'ouverture.

De plus, on doit toujours s'assurer du bon état de la ligne en prenant le service. A cet effet, on échange avec le correspondant un *zéro*.

Au repos, on doit toujours être *sur rappel par inversion* ou *sur sonnerie* préalablement essayée. Ce sont des habitudes dont on ne doit jamais se départir.

SERVICE DE L'APPAREIL A CADRAN

Nous compléterons ce *Guide pratique de l'appareil Morse* par quelques indications *sur le service de l'appareil à cadran* (1).

Ce que nous avons dit sur l'installation des postes munis de l'appareil Morse et sur la recherche des dérangements s'applique d'ailleurs également aux postes desservis par le *cadran*.

Récepteur. — Sur le *cadran* du récepteur sont tracés en cercle les lettres de l'alphabet, les chiffres, quelques indications de service et une croix placée au sommet.

Au centre de ce cadran, une aiguille tourne

(1) Extraites du *Guide pratique pour l'emploi de l'appareil télégraphique à cadran*, par le même auteur.

sur son pivot au moyen d'un mouvement d'horlogerie, sous l'influence d'une armature d'électro-aimant mue par le courant électrique.

En tournant, elle indique successivement les lettres et les autres signes qui composent les mots de la dépêche à recevoir.

Manipulateur. — Le *manipulateur* est un cadran de métal au centre duquel pivote une manivelle.

Sur ce cadran les lettres et les chiffres sont gravés dans le même ordre que sur le cadran récepteur.

En face de chacun de ces signaux il y a un cran qui permet d'arrêter la manivelle sur la lettre correspondante.

En tournant la manivelle, on imprime un mouvement de va-et-vient à un petit ressort qui envoie le courant électrique sur la ligne télégraphique et dans le récepteur du poste correspondant.

Le récepteur et le manipulateur à cadran sont installés de la même façon que le récepteur et le manipulateur Morse (*fig.* 30).

Manipulation. — Pour que le poste qui reçoit puisse lire ce que lui transmet son correspondant, il faut, naturellement, que l'aiguille de son récepteur soit toujours d'accord avec la manivelle du manipulateur qui transmet.

Pour cela il faut avoir soin que l'aiguille et la manivelle soient toujours sur la croix lorsqu'on ne travaille pas.

APPELS. — Quand on veut appeler son correspondant, on tourne la lame du commutateur sur le bouton qui communique avec l'appareil, et l'on pose un instant la manivelle sur la lettre A, puis on termine le tour en revenant sur la croix. Le courant s'en va passer dans la sonnerie du correspondant et la fait fonctionner.

Celui-ci, pour indiquer qu'il est prêt à recevoir, place sa lame de commutateur *sur appareil* et donne un tour de manivelle; alors on ramène l'aiguille à la croix, s'il y a lieu, et l'on transmet comme il est dit au paragraphe *Transmission*.

Transmission. — Pour permettre au correspondant de ramener son aiguille à la croix, on doit toujours, avant de transmettre, faire un tour complet de manivelle, revenir sur la croix, s'y arrêter un instant ; ensuite on porte la manivelle sur la première lettre à transmettre, puis sur la seconde, etc.

Séparation des mots. — Chaque fois que la dernière lettre d'un mot est transmise, il faut compléter le tour de manivelle commencé en revenant sur la croix.

Ce léger arrêt sur la croix, après chaque mot, indique au correspondant que le mot est terminé et qu'un autre va commencer.

Chiffres. — Lorsqu'on a des chiffres à transmettre, aussitôt après être revenu à la croix, à la fin du mot précédant le nombre on fait deux tours de manivelle, en s'arrêtant à chaque tour sur la croix ; puis on conduit la manivelle sur les chiffres à transmettre, et on continue la transmission des mots suivants comme à l'ordinaire.

S'il y a plusieurs groupes de chiffres successifs, on doit faire précéder chaque groupe de deux tours de manivelle.

Signature. — On sépare la signature du texte de la dépêche en faisant deux fois de suite plusieurs tours de manivelle, avec arrêt sur la croix après chaque série de tours.

Final. — Quand le dernier mot de la dépêche est transmis, on termine le tour de manivelle, puis on fait un autre tour en s'arrêtant un instant sur la lettre Z ou *final*, et enfin sur la croix où la manivelle doit toujours être au repos.

Erreurs. — Lorsqu'on se trompe, on fait trois ou quatre tours sans s'arrêter à la croix et on continue la dépêche en reprenant au dernier mot bien transmis.

Lorsqu'on a dépassé par mégarde le signal qu'on veut transmettre, il ne faut jamais revenir en arrière, car l'aiguille, elle, ne rétrograde jamais ; et lorsqu'on recule la manivelle d'un cran, l'aiguille avance d'une lettre, et le correspondant ne peut plus lire.

Il faut avoir bien soin d'éviter de tourner la manivelle trop rapidement et surtout par saccades, car alors l'aiguille ne pourrait suivre les mouvements de la manivelle, et le correspondant ne pourrait pas lire.

Il faut donc que la manipulation soit très-régulière.

L'oreille doit d'ailleurs guider la main en même temps que les yeux.

Réception. — Celui qui reçoit doit toujours avoir soin de tenir, au repos, son aiguille sur la croix.

Rappel a la croix. — Lorsque le correspondant se trompe, s'il tourne trop rapidement sa manivelle pour indiquer l'erreur, l'aiguille ne revient pas toujours à la croix.

Il faut être prêt à l'y ramener rapidement pour pouvoir suivre la transmission.

On n'a qu'à appuyer légèrement sur le bouton situé sur l'appareil : l'aiguille fait un tour, s'arrête sur l'Y ou le Z, et se replace sur la croix dès qu'on cesse d'appuyer.

Remontage du récepteur. — Si, en appuyant ainsi, on ne peut faire tourner l'aiguille, c'est que le récepteur *a besoin d'être remonté.*

On le remonte comme une pendule, avec une clef qu'on place sur le carré situé au-dessus de la croix.

Demande de répétition. — Si l'on ne peut suivre la transmission, on *coupe* le correspondant en tournant la manivelle jusqu'à ce qu'il s'arrête. Dès qu'il s'en aperçoit, il doit ramener sa manivelle et son aiguille à la croix. Alors on lui transmet le dernier mot bien reçu, qu'on fait suivre des lettres R, Z et de la croix, et on ramène l'aiguille à la croix si elle n'y est pas. (R Z signifie : *Répétez.*)

Celui qui transmet reprend ce mot et continue la dépêche.

Collationnement et accusé de réception. — Quand la dépêche est reçue et comprise, on collationne les mots principaux ou douteux et les chiffres, en les répétant, puis on donne les lettres B, C, O et la croix.

Cela veut dire : *Compris.*

Si l'on a soi-même une dépêche, on la transmet ; si le correspondant en a une seconde, il la passe.

Les dépêches alternent.

Le zéro. — Si l'on n'a rien, on échange les signaux R, R, ou B, C, O, qui signifient alors : *Rien de nouveau*, ou *Zéro*.

Repos sur sonnerie. — Dès que les transmissions sont terminées, on place la lame du commutateur sur le bouton de sonnerie.

Etre sur contact. — Lorsqu'on a cessé de travailler, il faut veiller à ce que la manivelle ne reste pas sur un autre signal que la croix, parce qu'alors il pourrait arriver que, si l'on a oublié en même temps de *mettre sur sonnerie*, le courant passât sur la ligne et allât faire sonner chez le correspondant.

Cela s'appelle : *être sur contact* (1).

Le correspondant ne pourrait, dans ce cas,

(1) Le contact n'a réellement lieu que lorsque la manivelle est placée sur un chiffre ou signal impair ; mais on doit toujours la laisser au repos sur la croix.

attaquer, ni passer sa dépêche s'il en avait. Inutile d'insister sur la gravité d'un pareil oubli, le poste du correspondant se trouvant ainsi annulé.

Réglage. — T. Z. TOURNEZ. — Si un poste a besoin de changer le réglage de son appareil, il demande à son correspondant de tourner continuellement la manivelle, d'une façon régulière. Cette demande s'indique par les lettres T, Z et la croix.

Le poste à qui cette demande est adressée tourne *régulièrement* sa manivelle jusqu'à ce qu'on le *coupe*, et revient ensuite à la croix.

Pendant qu'il tourne ainsi sa manivelle, le correspondant opère le réglage au moyen d'une petite clef qui fait tourner un axe situé au milieu d'un petit cadran placé à droite et en haut du récepteur (dans les appareils ancien modèle).

Dans les nouveaux modèles, le petit cadran est placé au milieu, au bas du récepteur. La petite clef est ici remplacée par un gros bouton en cuivre qui porte, comme elle, une petite aiguille indicatrice.

En tournant, soit la petite clef, soit le gros bouton, selon le modèle de l'instrument, on tend ou on détend un ressort analogue à celui de la palette du Morse.

Ce ressort, selon qu'il est plus ou moins tendu, agissant sur l'armature qui fait mouvoir l'aiguille du récepteur, la rend plus ou moins sensible à l'action de l'électro-aimant.

Dans les postes à une seule ligne, ce réglage, une fois fait par le contrôleur, ne doit plus changer ; il faut donc éviter d'y toucher.

Cependant, lorsqu'un même récepteur doit servir à deux lignes différentes, on peut avoir besoin d'en changer le réglage. En ce cas, pendant que le correspondant tourne sa manivelle, on fait soi-même tourner à gauche la petite clef ou le bouton jusqu'à ce qu'on sente une résistance. Le ressort de réglage est alors complétement détendu et la petite aiguille indicatrice doit être placée sur la division zéro.

Ensuite on tourne doucement la clef ou le bouton à droite jusqu'à ce que l'aiguille du récepteur tourne régulièrement et reproduise exactement le mouvement circulaire de la manivelle du correspondant.

Si l'on ne peut obtenir un réglage satisfaisant au moyen de la petite clef ou du bouton, on peut agir directement sur l'électro-aimant au moyen d'un axe à tête carrée, situé derrière et au bas de l'appareil.

On fait mouvoir cet axe avec la clef qui sert à remonter le récepteur et de la même façon, c'est-à-dire qu'en tournant légèrement à droite on rapproche l'électro-aimant de son armature, on *sensibilise* ; en tournant à gauche, on éloigne l'électro-aimant de l'armature, on rend l'appareil *moins sensible* à l'action d'un courant trop fort.

C'est encore un réglage qu'on doit éviter le plus possible de changer.

ABRÉVIATIONS

Les abréviations de service sont :

A. T. T.	Attente.
B. C. O.	Bien, compris ou réception.
R ou B. C. O.	Zéro (rien de nouveau).
N. O.	Numéro.
H.	Heure.
M.	Minute.
P. D.	Dépêche privée.
O. F. F.	Dépêche officielle.
P. Z.	Parlez.
C. R. V.	Comment recevez-vous ?
R. Z.	Répétez.
T. Z.	Tournez.
Z.	Final ou fin de la transmission.

On peut aussi employer :

P. R.	*Pour* : Pour.
M. R.	*Pour* : Monsieur.
N. S.	*Pour* : Nous.
V. S.	*Pour* : Vous.

Mais ces abréviations ne sont pas obligatoires.

APPENDICE

PILES

Il n'entre pas dans le cadre de ce petit livre d'exposer la théorie des différentes piles employées en télégraphie. Nous nous bornerons à faire connaître, à titre de simples renseignements, leur composition, et à indiquer leur mode d'entretien.

Les piles en usage pour la télégraphie en France sont : la pile Daniell, la pile Callaud, la pile Marié-Davy et la pile Leclanché.

Pile Daniell

L'élément Daniel se compose d'un vase en verre contenant de l'eau ordinaire dans laquelle plongent un manchon de zinc et un vase de terre cuite poreuse rempli d'une dissolution de *sulfate de cuivre.*

Dans cette dissolution baigne une lame de cuivre pur rivée au zinc de l'élément suivant.

Cette lame est munie d'un petit godet en cuivre, percé de trous, dans lequel on place les cristaux de sulfate destinés à maintenir la saturation de la dissolution.

On monte la pile comme il a été dit page 13, chaque lame de cuivre plongeant dans le vase poreux de l'élément précédent. Il faut avoir soin, autant que possible, que l'eau du vase en verre n'atteigne pas le rivet qui relie la lame de cuivre au manchon de zinc. On évite ainsi une usure trop rapide du zinc en cet endroit.

Quand on refait la pile, pour activer sa mise en action, on peut mêler à l'eau des vases en verre un peu de sel marin ou quelques gouttes d'acide sulfurique *très-étendu d'eau.*

L'entretien consiste :

1° A enlever les sels ou efflorescences qui envahissent le bord des vases et les lames de cuivre (on se sert pour cela d'un petit bâton enveloppé de linge);

2° Maintenir le niveau de l'eau dans les vases en verre ;

3° Retirer, au moyen d'une petite seringue, le trop-plein du liquide qui se produit dans les vases poreux ;

4° Ajouter des cristaux dans les godets vides.

La pile Daniell doit être refaite tous les trois mois environ : on gratte les zincs et on les lave dans un baquet d'eau. Un dépôt de cuivre se forme contre la paroi intérieure des vases poreux. On remplace et on met de côté ceux qui sont trop encroûtés ou brisés par ce dépôt de métal.

La dissolution de sulfate de cuivre contenue dans les vases poreux ne doit pas être rejetée ; on l'emploie pour la réfection de la pile nouvelle. Il en est de même pour l'eau des vases en verre, qu'on doit employer de préférence à l'eau pure. En la transvasant doucement, on la sépare des résidus qui s'amassent au fond de chaque vase.

Quand cette eau est répartie dans toute la pile, on achève d'emplir avec de l'eau ordinaire.

Le pôle *positif* de cette pile est au *cuivre* et le pôle *négatif* au *zinc*.

Pile Callaud

La pile Callaud ne diffère de la pile Daniell que par l'absence du vase poreux et du godet de la lame de cuivre. Les cristaux de sulfate de cuivre sont déposés au fond du vase en verre qui a plus de hauteur que dans la pile précédente.

La couche la plus saturée de la dissolution occupe, par suite de son poids, la partie inférieure du vase. Le manchon de zinc n'est baigné que par de l'eau à peu près pure.

La mise en train et les soins d'entretien sont les mêmes que pour la pile Daniell. Il ne faut pas enfoncer la lame de cuivre sous les cristaux du sulfate. Cela augmente la *résistance* que la pile oppose au dégagement du courant et peut nuire à son intensité, surtout pour les lignes de peu de longueur.

Le pôle *positif* de la pile Callaud est aussi au *cuivre* et son pôle *négatif* au *zinc*.

Pile Marié-Davy

L'élément Marié-Davy est composé d'un vase en verre et d'un vase poreux.

Ce dernier est entouré, comme dans la pile Daniell, par un manchon de zinc qui plonge dans l'eau pure que contient le vase en verre.

Le vase poreux est rempli d'une pâte de *sulfate d'oxydule de mercure* très-humecté d'eau. Dans cette pâte est enfoncée une lame de *charbon* soudée à la queue en cuivre du zinc de l'élément précédent.

Avant de remplir le vase poreux de sulfate, il faut plonger ce vase dans l'eau, pour qu'il n'absorbe pas celle de la pâte.

On *gâche* en quelque sorte cette pâte dans une terrine au moyen d'une spatule de bois qui sert aussi de cuiller pour charger le vase poreux.

Dès que le sulfate est dans le vase, on y enfonce vivement la lame de charbon. Cette opération doit être faite très-rapidement, parce que la pâte se *tasse* si vite qu'après quelques secondes le charbon ne pourrait y pénétrer.

Comme pour les deux piles au sulfate de cuivre, il faut maintenir le niveau de l'eau au-dessous du rivet qui relie la lame de cuivre au zinc.

Les soins sont les mêmes en ce qui concerne l'entretien et les *sels grimpants*. Il faut éviter surtout de manier la pâte avec les mains, à cause du mercure qu'elle contient.

La durée de cette pile est d'environ un an.

Son pôle *positif* est au *charbon* et son pôle *négatif* au *zinc*.

Pile Leclanché

L'élément Leclanché se compose d'un vase en verre aux deux tiers rempli d'eau, dans lequel on a versé une forte poignée (*80 à 100 grammes*) de *chlorhydrate d'ammoniaque* (sel ammoniac ordinaire).

Dans cette dissolution baigne un vase poreux rempli d'un mélange de *peroxyde de manganèse* et de charbon concassé. Une lame de *charbon*, entourée complétement par ce mélange, constitue le pôle *positif* de l'élément.

Le pôle *négatif* est un crayon de *zinc amalgamé* (1) qui plonge dans le vase en verre par une ouverture pratiquée à cet effet.

L'ensemble du vase poreux avec le charbon et le mélange est tout préparé et bouché à la fabrication (2).

Pour monter la pile, on introduit le crayon de zinc et le vase poreux garni dans le vase en verre. On verse dans celui-ci le paquet de sel ammoniac et on remplit avec de l'eau ordinaire jusqu'aux deux tiers. Le vase poreux se trouve ainsi baigné jusqu'à moitié de sa hauteur. Ensuite on relie chaque zinc au charbon de l'élément suivant au moyen d'une vis qui surmonte le charbon. A défaut de sel ammoniac, on peut employer le sel marin dans le vase en verre, mais l'effet produit est moins intense.

L'entretien de cette pile est presque nul,

(1) C'est-à-dire qui a été plongé dans le mercure.

(2) Un trou pratiqué dans le bouchage permet à l'air intérieur de s'échapper lorsque le vase poreux baigne dans le liquide du vase en verre.

surtout si l'on a soin d'enduire intérieurement le col des vases en verre d'une légère couche d'huile ou de suif de 2 à 3 centimètres de hauteur. Cela évite les sels grimpants.

Il suffit de remplacer de temps en temps l'eau évaporée dans les vases en verre, et d'y remettre du sel ammoniac tous les six mois environ.

La durée de la pile Leclanché varie de un à deux ans, selon l'usage qu'on en fait.

RÈGLES GÉNÉRALES. Quelle que soit la pile qu'on emploie, il faut toujours la placer dans un endroit sec et à l'abri des changements de température.

On doit toujours pouvoir vérifier facilement le niveau de l'eau dans les vases.

Tous les *contacts* doivent être tenus très-propres et les vis bien serrées.

Les vases poreux et les lames de cuivre ne doivent jamais être en contact avec les zincs.

Les éléments doivent être bien séparés les uns des autres; les fils conducteurs doivent être bien isolés et ne pas toucher les murs.

FIN.

TABLE DES MATIÈRES

NOMS ET USAGES DES DIFFÉRENTS INSTRUMENTS

MANIPULATION. — LECTURE

RÉGLAGE

INSTALLATION DES POSTES

DÉRANGEMENTS

APPENDICE

Paris. — Typographie Mottcroz, 31, rue du Dragon.

OUVRAGES A CONSULTER

POUR

L'ÉTUDE THÉORIQUE ET PRATIQUE DE LA TÉLÉGRAPHIE

BLAVIER (E.-E.), Inspecteur divisionnaire des Lignes télégraphiques. — *Nouveau Traité de Télégraphie électrique*, 2 vol. grand in-8. 20 fr. »

BOUSSAC (A.), Inspecteur. — *Précis de Télégraphie électrique*, 1 vol. in-8. Toulouse, 1867 .... 7 fr. »

Leçons sur les piles et les courants électriques faites à l'Administration centrale des Télégraphes en 1874 (autographiées) .... » »

Leçons sur la mesure électrique faites à l'Administration centrale des Télégraphes en 1874 (autographiées) .... » »

CUCHE (E.), Chef de station. — *Manuel élémentaire de Télégraphie*, 1 vol. Metz, 1867 .... » »

MIÉGE (B.). — *Guide pratique de Télégraphie électrique ou vade-mecum pratique à l'usage des Employés des Lignes télégraphiques*, 1 vol. Prix cartonné .... 3 fr. »

BELLET (A.), Employé. — *Instruction sur l'appareil Hughes*, 32 feuilles autographiées .... 1 fr. 25

BOREL (L.), Chef de station. — *Étude théorique et pratique du Télégraphe Hughes*, 1 vol. avec atlas .... 4 fr. »

MIRIEL (G.), ex-Employé. — *Télégraphe Hughes*. Album de 22 planches in-4° (79 figures) suivi d'un texte explicatif. Brest, 1873 .... 8 fr. »

Télégraphe Hughes. Album avec légendes explicatives. Administration télégraphique .... » »

La Télégraphie à l'Exposition universelle de 1867 .... » »

LATIMER CLARK. — *Traité élémentaire de la mesure électrique à l'usage des Inspecteurs et Agents des télégraphes* (traduit de l'anglais), avec un extrait des tables et formules électriques de L. Clark et Robert Sabine.

DU MONCEL. — *Traité de Télégraphie* .... » »

GAVARET. — *Traité de Télégraphie* .... » »

CULLEY, Ingénieur en chef des Télégraphes au Post-Office. — *A Handbook of practical Telegraphy*, 6e édition. Londres, 1874. Prix .... 20 fr. »

ROBERT SABINE. — *The electric Telegraph*. Londres, 1867 ... » »

FLEEMING JENKIN. — *Electricity and magnetism*. Londres, 1874, 2e édition .... » »

PUBLICATIONS

Annales télégraphiques. Nouvelle série sous presse .... » »

Journal Télégraphique, publié par le Bureau international des Administrations télégraphiques à Berne. Un an .... 4 fr. »

The Telegraphic journal. Londres .... » »

The Telegrapher. New-York .... » »

Annalen der Telegraphie, redigirt von Dr P. W. Brix, suite de « *Die Zeitschrift des deutsch-œsterreichischen Telegraphen-Vereins* ». Berlin .. » »

Bulletino Telegrafico. Florence .... » »

Paris. — Typographie Motteroz, 31, rue du Dragon.

www.ingramcontent.com/pod-product-compliance
Ingram Content Group UK Ltd.
Pitfield, Milton Keynes, MK11 3LW, UK
UKHW021122220726
13924UKWH00004B/1854

9 782019 948030